幸福花草时光

卢璇 ◎主编

江西科学技术出版社
·南昌·

图书在版编目（CIP）数据

幸福花草时光 / 卢璇主编. -- 南昌 : 江西科学技术出版社，2018.4（2023.11重印）
ISBN 978-7-5390-6089-7

Ⅰ.①幸… Ⅱ.①卢… Ⅲ.①园艺 Ⅳ.①S6

中国版本图书馆CIP数据核字(2017)第238483号

选题序号：ZK2017249
责任编辑：万圣丹

幸福花草时光
XINGFU HUACAO SHIGUANG
卢璇　主编

出　版　江西科学技术出版社
社　址　南昌市蓼洲街2号附1号
　　　　邮编：330009　电话：（0791）86623491　86639342（传真）
发　行　全国新华书店
印　刷　永清县晔盛亚胶印有限公司
开　本　720mm×1020mm　1/16
字　数　150千字
印　张　11
版　次　2018年4月第1版　2023年11月第2次印刷
书　号　ISBN 978-7-5390-6089-7
定　价　58.00元

赣版权登字：-03-2019-046

序

你有没有品尝过自己亲手种的菜？自己种的菜虽然没有超市里的漂亮包装，但是品尝自己亲身劳动而获得的果实，心里那种成就感和满足感是不言而喻的；而每天看着阳台上自己种的菜不断地长高、变大，又是一份妙不可言的喜悦与激动。

当进入家门，姹紫嫣红映入眼帘，醉人的花香扑面而来，你心中的烦恼与压力定会随之一扫而空吧？阳台种花，收获更多的是一种恬淡的心境，一种乐观积极的生活态度，一种生活品质的提升。种植香草近年来渐成时尚。香草具有很多神奇功效，例如：净化空气、治疗疾病、美容养颜、制作美食等，而那自然纯粹的清香更是让人着迷。有香“人”相伴，那份惬意舒爽自不必多说。

本书从种花、种香草、种菜、三个方面教你如何打造私人小农场，相关知识均来自园艺专家的经验传承，实用性很强。从选种、选土、选工具到施肥、除虫、浇水，从播种、间苗、培土到搭架、摘心、收获，详细的教你在阳台栽培植物的基本要点。具体到每种植物的分步操作，从适合的种植季节、光照条件、浇水量，到种苗选育、种植、培育、收获四个阶段的详细过程，都会事无巨细的给予全程指导。采用手绘插图和实物照片结合的方式详细讲解，直接明了、简单易学，即使毫无基础的初学者也能轻松获得丰收哟！

现代社会学会养花已经成为居家生活的必修课。懂得选择适合自己居住环境、有益于自己及家人身体健康的花卉品种与懂得花卉养护知识同样重要，如果人们对花草选择或摆放不当，它们就有可能变成严重危害身体健康的“居家杀手”。例如：在某些情况下，郁金香可使人昏倒，月季可使人过敏，含羞草可使人须眉脱落，而麒麟花更是含有致癌物质。由此可见，想要真正达到保护居家环境、清除室内污染的目的，人们不仅要在室内种植花草，更要种植安全、适宜的花草，只有这样，才能让室内环境真正回归健康。

CONTENTS

Chapter1
准备功课 X 居家种植

Chapter2
种花，打造净化小花园

Chapter3
种香草，打造室内的一缕芬芳

Chapter4
种蔬果，打造居家小菜园

准备功课 X 居家种植

在种植前，了解必备的工具、了解种植小撇步，能让美丽的阳台种植 DIY 不慌乱手脚喔！

容器，选择植物的家

我们在打造自己的植物园之前，首先要规划好要种些什么植物，因为对于不同的植物而言，对容器的要求也是不尽相同的。

Q 如何选择容器？

一般来说，蔬菜的植株较大，因此，对容器的大小也有一定的要求，一般都会选择大型或是中型的容器，而花卉、香草的植株一般偏小，所以对容器的要求并不是很高，可以根据种植的数量来掌握容器的大小。如果种植的数量少而植株又不是很大，最好选择小一些的容器，这样更有利于植株根部的透气。

以一般蔬菜、花卉种植专用盆，大略有 10 厘米、13 厘米、 16.5 厘米 、20 厘米、23 厘米等盆子，可以育苗，也可以直接种植到收成。

尺寸大小	内口径大小	深度
10 厘米	8 厘米	7 厘米
13 厘米	11 厘米	10 厘米
16.5 厘米	13.5 厘米	13 厘米
20 厘米	16 厘米	17 厘米
23 厘米	18.3 厘米	18.5 厘米

在阳台上种植蔬菜，并不像在田地里种植那么随意，像马铃薯、樱桃萝卜之类的根茎类蔬菜对容器的深度要达到 30 厘米以上才可以种植，否则会影响植株的生长。如果实在找不到合适的容器，用塑胶袋或是麻袋来当做容器也是可以的。

质地

陶盆

容器在质地上的种类非常多样，例如：陶盆、塑胶盆、釉面盆、木盆、玻璃盆。陶盆无疑是最好的选择，它具有透气、排水性好、重量轻、价格便宜等优点。玻璃容器是用来培植水耕植物的最佳选择。当然，你也可以选择塑胶盆、釉面盆，但是为了防止因为花盆不透气而导致的根部腐烂，我们最好在容器下面垫一块板子。如果选择木盆的话，因为其超强的透气性，花草容易干燥，所以一定要注意给植物浇水才可以。

透过花盆的尺寸，我们就能马上掌握花盆的大小，从而以最快的速度选到最合适的花盆

大小

小型
直径为15~20 厘米的容器

小型的容器一般指的是直径为 15~20 厘米的容器，比较适合种植猫薄荷、百里香、细香葱、驱蚊草等植株体型很小的香草。

中型
直径为20~30 厘米的容器

中型容器一般指的是直径为 20~30 厘米的容器，长方形的中型容器长一般是 65 厘米左右。这种容器适合种植体型一般的花卉、香草，也可以种植菠菜、青江菜等叶菜类蔬菜。

中型
直径为30~40 厘米的容器

大型容器一般指的是直径为 30~40 厘米的容器，番茄、茄子等果实类蔬菜的体积较大，比较适合在这种容器中种植。

优质土壤的选择

植物能否健康成长，关键在于土壤的选择，好的土壤可以使植株更好地吸收养分、水分，使植株的根系健壮，这样才可以长得生机勃勃。

Q 什么样的土才算是好土呢？

优质的土壤必须具备四大特性，即排水性、透气性、保水性以及保肥性。

排水性	排水性好的土壤在浇水的时候，水能够迅速地融入土中，不会停留在表面。排水性差的土壤会使植物根部长时间难以干燥，根部容易出现腐烂的现象。
透气性	透气性好的土壤微粒之间不会黏聚在一起，空气可以流通自如，为植株根系有效输送氧气和水分。
保水性	保水性是指土壤在一定时间内可以保持湿润的能力，如果土壤不具备保水性的话，土壤很快就会干燥缺水，这对植株的生长是非常不利的。
保肥性	保肥性指的是土壤可以保持肥料肥性的能力，只有保肥性好的土壤才能够让植物在营养充足的环境里好好生长。

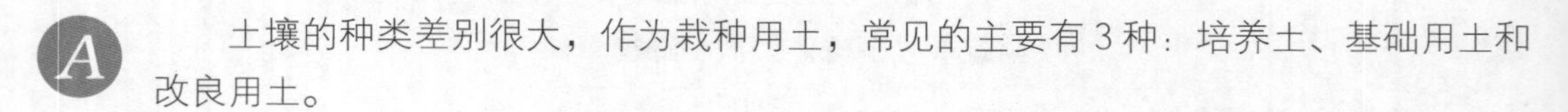

Q 土壤的种类？

A 土壤的种类差别很大，作为栽种用土，常见的主要有 3 种：培养土、基础用土和改良用土。

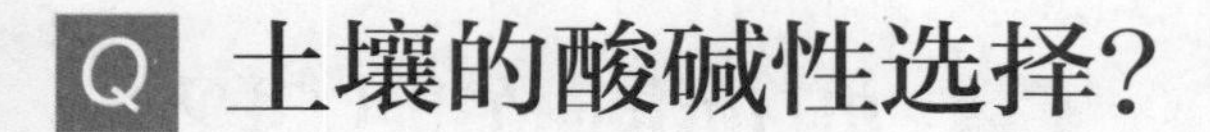

Q 土壤的酸碱性选择?

A 种植蔬菜的土壤一般为弱酸的环境，香草则喜好偏碱性或中性的土壤。而花卉对于土壤的要求则比较复杂。

Q 部分植物对盆栽土壤的特殊要求?

A 少数植物对盆栽土壤有特殊要求，常用的盆栽土壤并不用。有些植物不喜欢碱性土，例如：杜鹃属植物、多数秋海棠属植物、欧石南属植物、非洲堇，常用的盆栽土壤不利于这些植物的生长。即使以泥炭土为基础的盆栽土壤，也普遍呈碱性，因为为了适应多数室内盆栽植物的需求，盆栽土壤中会添加少量石灰。不喜欢碱性土壤的植物，可以使用“欧石南属”植物专用盆栽土壤，这种盆栽土壤在多数花店都能买得到。

凤梨科植物、仙人掌科植物和兰科植物对盆栽土壤也有特殊要求，可以从专业苗圃或较好的花店购买经过特殊处理的盆栽土壤。

培养土	培养土主要是用于球根、宿根等植物种类的栽种，因为是根据养分比例调和好的土壤，所以非常适合初学者使用。
基础用土	指的是自己调和土壤的时候所使用的基础土，各个基础土之间的差别主要是由当地的土壤性质所决定的。
改良用土	是一种非常优质的土壤，它运用其他的有机质提高了基本用土的透气性、排水性、保水性、保肥性。其中最为人们熟知的就是腐叶土，腐叶土首先是将腐烂的阔叶树叶弄碎，融合在基础用土之中，这样可以提高土壤中微生物的含量，有效地改善土质。
调配土	调配土是一门很深的学问，作为刚刚入门的新手最好在市面上购买已经调好的优质土，这些土壤已经调配好了腐叶土、肥料等养分，可以直接使用，非常方便。但是，要注意土壤包装上的适用作物说明，不同的植物对酸碱性的要求也是不同的。

肥料，植物的营养来源

不施肥，植物就会显得死气沉沉的，只要正确施肥，植物就能茂盛生长，生机盎然。现代肥料让施肥变得很简单，肥效也更长，因而不需要经常添加。

Q 肥料的种类？

A 按照肥料的成分来划分，可以分为氮肥、磷肥、钾肥这三种肥料。氮肥主要是用来促进植物叶子的生长，磷肥主要是用来促进植物花朵和果实的生长，钾肥可以有效地滋养植物的根部。

Q 肥料的量？

A 肥料是植物生长的粮食，挨饿中的植物自然是很难长好的，但是暴饮暴食对于植物的生长也并不是全然有益，和人类讲究合理膳食一样，给植物施肥也要根据植物各自的特点，讲究适度原则。

Q 关于追肥？

A 植物在刚刚栽种到土壤中时，土壤中是含有一定量的肥力的，但是这些肥力会随着植物的生长而慢慢消耗殆尽，因此，盆栽植物在生长过程中要进行适当的追肥。

Q 如何制作肥料？

A 事实上，一般性的肥料我们并不需要特意在市场上购买，用生活中的厨余制成的有机肥就是植物最好的营养品。发霉的花生、豆类、瓜子、杂粮等食物中含有大量的氮元素，将它们发酵后可以作为植物的基肥，也可以将其泡在水中制成溶液于追肥时使用。

鱼刺、碎骨头、鸡毛、蛋壳 、头发中含有大量的磷元素，我们可以加水发酵，在追肥中使用。

海藻、海带中的钾成分比较多，是制作钾肥最好的原材料。另外，淘米水、浸泡豆芽的水、草木灰水、鱼缸中待换的旧水等含氮、磷、钾都很丰富，可以在追肥中使用。

Q 如何施肥？

A 施肥要在适合的时间进行，在傍晚或是阴雨天进行是最好的选择。施肥之前首先要进行松土，在花草根部的四周挖开一条环形浅沟，然后放入肥料，用土填平。必须注意的是，液态肥不要撒在花、叶和茎上，这样会对植物造成损伤。

Q 施肥的次数？

A 施肥的次数要根据花草的习性和生长情况而定，一般来说，10 ~ 15 天施肥一次是最合适的，秋季可以每隔 30 天施肥一次，冬季植物处于休眠期，则不需要施肥。

Q 施肥的要领？

A 春夏季节最好施液肥，夏末以后则要使用干性肥料，并且以薄肥为主，比例可依照肥料包装上的比例进行。施肥次日要浇水，并且浇透，松土也要及时，这样才更有利于植物的根系吸收营养。

Q 如何追肥？

A 若是使用在市场上买来的肥料追肥，就要根据说明来稀释一下。拿到肥料之后，要在根的外围挖一圈浅沟，注意浅沟离根的距离不可太近，也不可伤及根系。将肥料均匀地倒入沟内，再盖上土，然后浇水。浇水的目的一是可以稀释肥料，防止肥伤；二是方便肥料下渗，这样营养会比较容易被植物吸收。

施肥之前一定要注意不要施加未经腐熟的生肥，因为肥料在土壤中发酵会产生过多的热量，容易“烧死”植物。施肥也不要太过靠近根部，否则容易产生肥伤。如果因为施肥造成了叶片枯萎、倒挂，那么要多浇水，以稀释肥料。

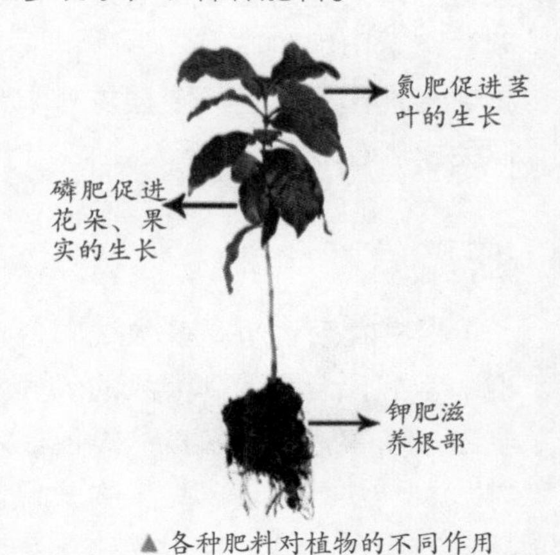

▲ 各种肥料对植物的不同作用

环境，我家的阳台合适吗

在各式各样的阳台中，朝南或朝东的阳台，一般光线比较充足，对于植物的生长也是比较理想的。但是，家里的阳台不是这样的朝向怎么办呢？不用担心，一些植物即便在阳光不是很充足的环境下也是可以茁壮生长的。

阳台不同，使用方法不同

我们常见的阳台一般有三种，即墙壁式、栅栏式、飘窗式。因为各自不同的特点，在种植植物时需要注意的事项也不尽相同。

墙壁式

墙壁式的阳台是开放式的阳台，阳台上部的通风情况很好，但是下部就比较差。我们最好将植物放在架子上，这样可以增强植物的光照，改善通风情况。另外，夏天时的阳光直射会使温度过高，所以一定要注意遮阳保护花草。另外，最好不要将植物悬挂起来，也不要摆放在阳台边缘，以免掉落砸伤路过的行人。

栅栏式

栅栏式阳台也是开放式阳台，通风情况非常好，但是遇到大风的天气就会对植物造成伤害，放置植株的时候最好在栅栏内放置一块挡板，以免植物受到伤害。和墙壁式阳台一样，也需要注意夏季太阳对植物的直射。千万不要将植物悬挂起来，以免吹落砸伤行人。

飘窗式

飘窗式阳台是封闭式阳台，由于受外界温度影响比较小，所以一年四季都可以种植植物，但是通风比较差，要记得经常开窗让植物呼吸新鲜空气。因为阳台是封闭的，所以不仅可以随便装饰我们的小农场，也不用担心砸伤行人了！

打造小小“梯田”

飘我们可以在阳台搭建一个立体置物架，看似简单的架子会将我们的阳台空间划分出多个层次，这样既可以扩大种植面积，又可以增加喜阳植物的采光，可谓一举两得。

将植物吊起来

小型的植物可以利用小巧精致的花盆种植，再放到吊篮中悬挂在阳台的天花板上，这样就可以将阳台空中的空间完全利用起来，又显得错落有致。要注意的是，吊篮的重量不可以过重，否则就有可能伤到人。

种植，要准备这些东西

剪刀

剪刀可以用来修剪植物，也可用来收获果实。

喷壶

用来给植物浇水，请尽量使用有刻度的款式，在加水的量方面才可以拿捏得宜。

小耙子

这是给植物松土的必备工具，主要是用来除草、耙草、挖土、分离和挑出土壤的杂物。

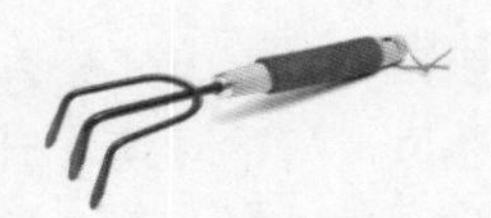

铲子

在移苗和铲土的时候用。

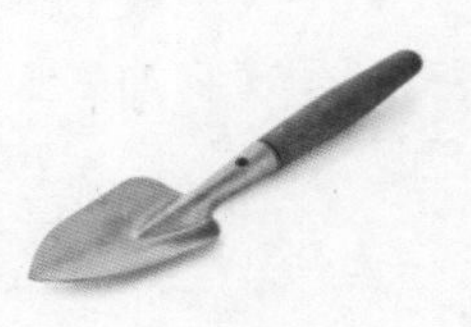

水桶

自来水是不可以直接浇花的，所以我们要将自来水盛放在水桶里，放置 2 ~ 3 天，让水温和含氧量都达到适宜的程度。

支架

如果是长得较高的植物，或者是喜欢攀爬的植物，我们就需要架设支架，以便植物可以生长得更好。

麻绳

如果植物需要搭设支架，就需要用麻绳来固定。

温度和阳光

温度的高低与绿色植物的生育之关系十分密切，无论光合、呼吸作用和所有的代谢反应，无一不受到温度的影响。光线除影响光合作用外，种子发芽、茎生长、开花、叶绿素合成、蒸散作用、向光性以及植物形态上的改变等都与光线有关。

光照的选择

即便是喜阳的植物，面对夏季炎炎的烈日，也会打不起精神来，所以当夏季来临时我们最好在阳台上搭建一个遮阳板，避免阳光的直接曝晒。

早晚的时候，阳光多为散射光线，对于植物来说是一天中最好的时光，这样的光照特别有利于植物的生长，这个时候就让植物多晒晒太阳吧。

防寒

阳台温度随着气温的变化而变化，冬季来临，一定要将不耐寒的植物搬入室内，温度要保持在 10℃以上；即便是耐寒的植物放在室外也要设置挡风板、覆盖草帘或塑胶布等保温设施，以免植物被冻伤。当气温降到 10℃以下，一定要将植物搬入室内；冬季的夜晚，也要将植物搬入室内，以防止霜冻的侵袭。

阳光的曝晒对植物的生长非常不好，我们除了要给植物遮阳之外，还要给植物适时的降温，比如：在植物的根部覆盖一些木屑、稻草、树皮等以保持植物的水分，防止土壤干燥。也可以在早晚的时候于植物的叶子上喷洒一些水来降温，如果阳光太强，则最好将植物搬入室内。

香草和其他的植物不太一样，可以分为长日照和短日照两种，但大部分香草都喜欢阳光充足、通风良好的环境，日照不足会导致植株徒长，直接影响到植物花芽的分化和发育。由于不同香草对光照的要求不尽相同，所以需要我们根据香草的生长习性来调节日光的照射量。

长日照香草	长日照香草每天的日照时间必须要控制在 12 小时以上，才能产生花芽分化，所以如果光照时间不足，植物就不会开花。
短日照香草	短日照香草每天的日照时间不可以超过 12 小时，日照时间过长，会抑制花芽分化，所以如果光照时间超过 12 小时以上，植物就不会开花。
中日照香草	所谓中日照香草就是香草中最好培养的那一种，它对日照时间并不敏感，不论长日照或是短日照，都可以生长的很好。

给植物补充水分

浇水是种植最重要的一门学问，以下介绍种植花草、蔬果不能不知道的浇水知识。

Q 浇水的时间？

A 浇水的学问很多，比如：夏季浇水要选择上午 8 点以前或下午日落之后进行，春秋季节浇水选择在中午进行是最好的，冬季浇水的时间要最好选择早上浇水，避免晚上浇水，因夜温过低，土壤中的水会冻伤植物的根。

Q 一天要浇水多少次？

A 春秋季节每隔 1 ~ 3 天要浇水一次，夏季每天都要进行浇水，冬季每 5 ~ 6 天浇水一次就可以了。浇水也要根据天气的情况来决定，天气燥热干旱就多浇水，在阴雨连绵的时候就少浇水。植物处在不同的生长周期需水量也是不同的，长叶和孕育花蕾的时候要勤浇水，开花时节要缓浇、少浇，休眠时期则要尽量控制浇水量。最重要的是，要掌握植物的习性，了解植物是喜湿的还是耐旱的，一定要区分清楚。

播种期浇水

Q 浇水的技巧？

A 植物的不同时期，以及不同的植物之间浇水的方法也是不同的。当植物处在幼苗期的时候，浇水要用细孔喷壶，轻而微量地按照顺时针的方向喷洒。浇水之前一定要确认盆土不干不湿，而且没有积水。土壤的表面变干就是需要浇水的信号，耐旱的植物可以在盆土表面完全干透后再进行浇水，而喜湿的植物则要在盆土表面干透之前。浇水要缓缓地进行，直到水从花盆底孔渗出为止，然后将托盘中积攒的水倒掉，以免将植物的根部浸烂。

浇水要一次浇透

喷水

换盆换土，为植物打造最适合的空间

植物种在适合的盆栽中，可以保持几十年，甚至几百年的生命，并且充满活力，其秘诀就是靠“搬盆换土”，由此可见合适的盆栽对植物的重要性；盆栽在有限的空间中生长，若长时间未换盆，会对植物产生很多障碍，以下介绍如何轻松做好换盆换土。

Q 何谓上盆？

A 植物的小苗长大一些的时候，生长空间就会变得比较紧迫，这个时候就需要上盆了。首先，要用碎瓦片覆盖住盆底的排水孔，留出适当的孔隙，再填入1/4的粗砂，然后再填入培养土，填土的高度达到盆高的一半即可，然后将植物放到盆中，再慢慢填入培养土，在距盆口3 ～ 4 厘米的时候停止放土。最后，轻轻地提一提植物，使根部伸展不卷曲，再将土压紧，浇透水，放置在光照较弱的地方5 ～ 7 天，再移到阳台即可。

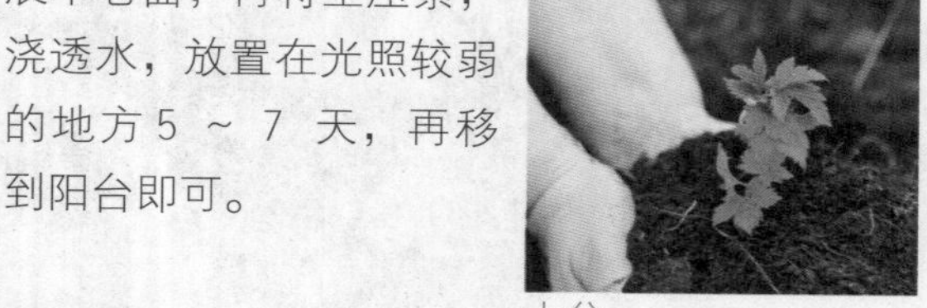

上盆

Q 如何换盆？

A 换盆首先是将植物连土一起倒出花盆，然后去掉枯根和一半的旧土，再将花草连同剩下的原土一起装入新盆，然后再填入一些新的培养土。最后将土壤压紧，浇透水，在室内光照较弱的地方放置3 ～ 5 天，再将植物搬到阳台就可以了。

Q 何谓换土？

A 换土就是在换盆的过程中不使用原土，只加入新的培养土，目的是增加土壤的肥力。如果是自制培养土的话，最好用烘干或熏蒸的方法消毒，以减少病虫害的发生。

换盆

剪根

为植物做修剪

修剪枝叶可以将病枯枝及时摘除，使植物的主干能够生长得更好，也可以使植物长得更加漂亮，因此，定时为植物剪一个适合的样子，也是种植不可或缺的一环。

Q 修剪时间?

A 按常绿植物多在春季进行修剪枝叶，落叶植物宜在秋后、越冬前进行修剪，生长过于旺盛的植物则可在生长期间视情况来进行修剪，可以收获果实的植物更要注意生长期剪去徒长枝、病枝和弱枝，以利于果实的生长。

Q 修剪原则?

A 修剪有一个简单的原则，即：留外不留内，留直不留横，留下的剪口芽应向外侧。

剪枝

Q 修剪方法?

A 摘心就是剪去枝条顶端部分，以促进侧芽生长。摘心的工作最好选择在早上 9 点之前完成，以利于植株的伤口愈合。摘心要适度，过度的摘心会造成枝叶过于茂盛，下方的叶子无法接受到足够光照，反而会造成植株生长不均衡。

摘叶就是在上盆或移植的时候，摘去大部分叶片，仅仅保留少数叶片，以减少水分的蒸发。摘叶的时候，保留的枝条上须保留 2 ~ 3 片叶子，若将叶子全部剪掉，植物就可能会枯死。在剪枝的过程中，要注意从植物的“节”上方剪下枝条，如果从“节”处剪断的话就不会有新枝长出。

摘心

植物繁殖，花盆变身小花园

从时间上来说，植物的播种可以分为春播和秋播两种。一般步骤是首先将种子放进培养土中，大粒的种子覆土厚度为种子直径的 3 倍，小粒的种子覆盖一层薄薄的培养土。然后将土壤压实后，浇透水，盖上一层塑胶布。每天及时浇水，以保持土壤的湿度。

播种

“撒播”一般适于播种细小的种子或是种植期间需要较多间拔的情况下。首先要做的是将种子放于掌心，然后均匀地播撒在泥土表面，再将土壤轻轻地覆盖在种子上面就可以了，不要担心种子播撒过密，生长过程中我们还可以进行间苗。

“点播”是在植物以后需要移植的情况下进行，一般是体积比较大的种子，首先是用手指挖出若干个洞来，然后在每个洞里放入 1 ~ 2 颗种子，再用泥土将洞填满。

分株

分株也是植物繁殖的一种方式，春季开花的植物要在秋季植物休眠的时候进行分株，秋季开花的植物最好选择在春季分株。

分株的方法主要有分割法和分离法两种。分割法就是将丛生的植物分割为数丛，或是将母株根部发出的嫩芽连根一起分割，再另行栽种；分离法是指将母株的新球根、鳞茎切下或掰开，再另行栽种。

扦插

扦插主要分为枝插和叶插两种。

硬枝扦插大都选择在春秋时节进行，选择带3 ~ 4 个芽的粗壮枝条，做成插穗，插入土中按常规培养生根即可。软枝扦插则多在夏季进行，剪取8 ~ 10 厘米长、还未硬化的枝条，插入土壤中按常规培养生根即可。

叶插大都是在梅雨季节进行的，剪取一片带叶柄的叶子，浅浅地斜插入培养土中，浇水培养即可。

组合盆栽好处多

插花是一门艺术，栽种植物也可以将插花艺术与栽种的快乐巧妙结合，组合盆栽就是带给我们这种快乐的种植方式。组合盆栽首先就是要选择一个足够大的花盆，既然是组合盆栽，那么花盆中就不可能只栽种一种植物，因此，花盆要足够大才可以。

一般来说，要选择比植株体积大两倍的花盆，这样组合栽培才不会影响植株的根系自如生长。选好花盆后，先用碎瓦片盖住容器底部的小孔，然后放进培养土。组合盆栽植物要根据植株根部的大小，按照由大到小的顺序依次栽种，苗与苗之间要填满培养土，否则在浇水的时候土壤会下沉。

组合栽培之前要做一些功课。因为只有了解清楚植物的形状、大小、颜色等特点，才能做成具有协调感的美丽组合盆栽；还要根据植物的习性来选择生长环境相近的植物，这样才能让植物生长得更好。

首先是决定一下主要的植物，再根据主要植物的特点来挑选能够突出其美感的辅助性植物。基本上，花朵大、植株高，具有较强生存感的植物适合做主要植物，花朵相对较小、植株较低的植物做辅助性植物。只有考虑植株的高低，协调栽种，才会更具有立体感。以花卉为主要植物，以香草为辅助性植物是非常完美的搭配法。另外，植物的颜色搭配也很重要，可根据主要植物的色彩来进行色彩搭配上的思考，例如：红与紫、红与橙等。

植物的生长习性主要是根据光照和水分而定的，大部分植物都是喜欢阳光的，因此，对那些不喜欢光照的植物要多加关照。

针对不同居家空间选择花草

在选用花卉的时候，应当注意顾及房间的功用。客厅、卧室、书房和厨房的功用各不相同，在花卉选用上也相对地需要有所着重，而餐厅与浴厕所摆设的花卉更应该有所不同。另外，居室面积的大小也决定着选择花卉的品种与数量。

人来人往的客厅

客厅是一家人休息放松及招待客人的重要地方，也是最常摆设植物的场所。如果要在客厅内摆设植物，不能只简单考虑其装饰功能，还应更多地顾及家庭成员及客人的身体健康。一般来说，在为客厅摆设花卉时应依从下列几个原则：

1.通常客厅的面积比较大，选择植物时应以大型盆栽花卉为主，然后再适当搭配中小型盆栽花卉，才可以达到装饰房间、净化空气的双重效果。

2.客厅是家庭环境的重要场所，应当随着季节的变化更换摆设的植物，为居室营造出一个清新、温馨、舒心的环境。

3.客厅是人们经常聚集的地方，会有很多的悬浮颗粒物及微生物，因此，应当选择那些可以吸滞粉尘及分泌杀菌素的盆栽花草，比如：兰花、铃兰、常春藤、紫罗兰及彩叶芋等。

4.客厅是家电设备摆放最集中的场所，所以在电器旁边摆设一些有抗辐射功能的植物较为适宜，比如：仙人掌、景天、宝石花等多肉植物。特别是金琥，在全部一些喜阳的植物，通过植物的光合作用来减少二氧化碳、增加室内氧气的含量，从而使室内的空气更加新鲜。

推荐花草组合

绿萝＋多肉植物

水培绿萝是十分容易养活的植物，生命力旺盛，摆放在客厅可以为客厅增加一抹明亮的绿色，水培容器中的水分蒸发以及富贵竹蒸腾作用产生的水汽还能改善客厅干燥的空气环境，在电视机或者无线路由器附近摆上几盆多肉，不但能够遮挡令人糟心的电线，还可以吸收部分来自电视或者路由器的辐射，减少都家人以及客人的辐射危害。

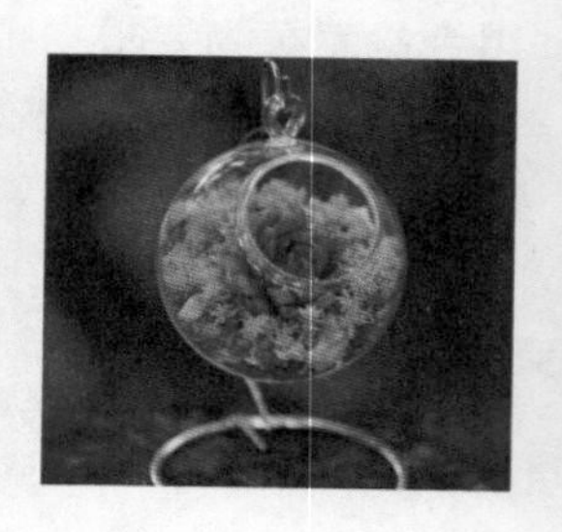

养精蓄锐的卧室

人们每天处在卧室里的时间最久，它是家人夜间休息和放松的地方，是惬意的港湾，应当给人以恬淡、宁静、舒服的感觉。与此同时，卧室也应当是我们最注重空气质量的场所。所以，在卧室里摆设的植物，不仅要考虑到植物的装饰功能，还要兼顾到其对人体健康的影响。通常应依从下列几个原则：

1 卧室的空间通常略小，摆设的植物不应太多。同时，绿色植物夜间会进行呼吸作用并释放二氧化碳，所以如果卧室里摆放绿色植物太多，而人们在夜间又关上门窗睡觉，则会导致卧室空气流通不够、二氧化碳浓度过高，从而影响人的睡眠。因此，在卧室中应当主要摆设中、小型盆栽植物。在茶几、案头可以摆设小型的盆栽植物，比如：茉莉、含笑等色香都较淡的花卉；在光线较好的窗台可以摆设海棠、天竺葵等植物；在较低的橱柜上可以摆设蝴蝶花、鸭跖草等；在较高的橱柜上则可以摆设文竹等小型的观叶植物。

2 为了营造宁静、舒服、温馨的卧室环境，可以选用某些观叶植物，比如：多肉植物或色泽较淡的小型盆景。当然，这些植物的花盆最好也要具有一定的观赏性，一般以陶瓷盆为佳。

3 依照卧室主人的年龄及爱好的不同来摆设适宜的花卉。卧室里如果住的是年轻人，可以摆设一些色彩对比较强的新鲜切花或盆花；卧室里如果住的是老年人，那么就不应该在窗台上摆设大型盆花，否则会影响室内采光。而花色过艳、香气过浓的花卉易令人兴奋，难以入眠，也不适宜摆设在卧室里。

4 卧室里摆设的花形通常应比较小，植株的培养土最好以水苔来替代土壤，以使居室保持洁净；摆设植物的器皿造型不要过于怪异，以免破坏卧室内宁静、祥和的氛围。此外，也不适宜悬垂花篮或花盆，以免往下滴水。

推荐花草组合

芦荟＋虎尾兰

芦荟和虎尾兰与大多数植物不同，它们在夜间也能吸收二氧化碳，并释放出氧气，特别适宜摆设在卧室里。然而，卧室里最好不要摆设太多植物，否则会占去室内空间。因此，可以在芦荟与虎尾兰中任选一种；如果两者都要摆放，则无须再放置其他植物。当然，如果卧室非常宽敞，则可多放几盆植物。

透过花草监测居家空气

因为植物会对污染物质产生很多反映，而有些植物对某种污染物质的反应又较为灵敏，可出现特殊的改变，因此人们便透过植物的这一灵敏性来对环境中某些污染物质的存在及浓度进行监视检测。

二氧化碳

二氧化碳是一种主要来自于化石燃料燃烧的温室气体，是对大气危害最大的污染物质之一。下列花草对二氧化碳的反应都比较灵敏：牵牛花、美人蕉、紫菀、秋海棠、矢车菊、彩叶草、非洲菊、万寿菊、三色堇及百日草等。在二氧化碳超出标准的环境中，如其浓度为 1ppm（浓度单位，1ppm 是百万分之一）经过一个小时后，或者浓度为 300ppb（浓度单位，1ppb 是十亿分之一）经过八个小时后，上述花草便会出现急性症状，表现为叶片呈现出暗绿色水渍状斑点，干后变为灰白色，叶脉间出现形状不一的斑点，绿色褪去，变为黄色。

含氮化合物

除了二氧化碳之外，含氮化合物也是空气中的一种主要污染物。它包含两类，一类是氮的氧化物，比如：二氧化氮、一氧化氮等；另一类则是过氧酰基硝酸酯。矮牵牛、荷兰鸢尾、杜鹃花、扶桑等花草对二氧化氮的反应都比较灵敏。在二氧化氮超出标准的环境中，如其浓度为 2.5 ~ 6ppm 经过两个小时后，或者浓度为 2.5ppm 经过四个小时后，上述花草就会出现相应症状，表现为中部叶片的叶脉间呈现出白色或褐色的形状不一的斑点，且叶片会提前凋落。凤仙花、矮牵牛、香石竹、蔷薇、报春花及金鱼草等对过氧酰基硝酸酯的反应都比较灵敏。在过氧酰基硝酸酯超出标准的环境中，如其浓度为 100ppb 经过两个小时后，或者浓度为 10ppb 经过六个小时后，上述花草便会出现相应症状，表现为幼叶背面呈现古铜色，就像上了釉似的，叶生长得不正常，朝下方弯曲，上部叶片的尖端干枯而死，枯死的地方为白色或黄褐色，用显微镜仔细察看时，能看见接近气室的叶肉细胞中的原生质已经皱缩了。

臭氧

大气里的另外一种主要污染物臭氧，是碳氢化合物急速燃烧的时候产生的。下列花草对臭氧的反应都比较灵敏：矮牵牛、秋海棠、香石竹、小苍兰、藿香蓟、菊花、万寿菊、三色堇及紫菀等。在臭氧超出标准的环境中，如果其浓度为 1ppm 经过两个小时，或者浓度为 30ppb 经过四个小时后，上述花草就会出现以下症状：叶片表面呈蜡状，有坏死的斑点，干后变成白色或褐色，叶片出现红、紫、黑、褐等颜色变化，并提前凋落。

氟化氢

氟化氢对植物有着较大的毒性，美人蕉、仙客来、萱草、唐菖蒲、郁金香、风信子、鸢尾、杜鹃花及枫叶等花草对其反应最为灵敏。当氟化氢的浓度为 3 ～ 4ppb 经过一个小时，或者浓度为 0.1ppb 经过五周后，上述花草的叶片尖端就会变焦，然后叶的边缘部分会枯死，叶片凋落、褪绿，部分变为褐色或黄褐色。

针对污染特点选择花草

如果房间内的污染特点不一样，那么相对的所选用的花卉也会不一样。在新装潢完的房间内，甲醛、苯、氨及放射性物质等是主要的污染物；对于建在马路旁边的房子来说，其主要污染有汽车排气污染、粉尘污染及噪音污染等；而在门窗长期紧闭的房间内，甲醛、苯及氡等有害气体则是重要的污染物。

刚装修好的房子

根据装修房子的不同污染状况，最适合摆放下面几类植物：

1 能强效吸收甲醛的植物：吊兰、仙人掌、龙舌兰、常春藤、非洲菊、菊花、绿萝、秋海棠、鸭跖草、一叶兰、白鹤芋、帝王蔓绿绒、黄椰子、吊竹梅、接骨树、印度橡胶树、发财树等。

2 能强效吸收苯的植物：虎尾兰、常春藤、苏铁、菊花、树兰、吊兰、芦荟、龙舌兰、天南星、大王黛粉叶、冷水花、香龙血树等。

3 能强效吸收氨的植物：女贞、无花果、绿萝、紫薇、蜡梅等。能强效吸收氡的植物：虞美人等。能对空气污染状况进行监测的植物：梅花能对甲醛及苯污染进行监测；矮牵牛、杜鹃花、向日葵能对氨污染进行监测；虞美人则可对硫化氢污染进行监测。

街道两侧的住宅

1 建在街道两侧的住宅，其房间内的污染物主要来自于汽车排气（主要污染物为一氧化碳、碳氢化合物、氮氧化物、含铅化合物、醛、苯丙芘及固体颗粒物等），大气里的二氧化碳、二氧化硫，路旁的粉尘，另外还有噪音污染等。所以，应当栽植或摆放可以吸收汽车排气、二氧化碳、二氧化硫，吸滞粉尘及降低噪音的植物。

能较强吸收汽车排气（一氧化碳、碳氢化合物、氮氧化物、含铅化合物、醛、苯丙芘及固体颗粒物等）的植物：吊兰、万年青、常春藤、菊花、石榴、半支莲、月季花、山茶花、树兰、雏菊、蜡梅、万寿菊、绿萝等。

2 能较强吸收二氧化碳的植物：仙人掌、吊兰、虎尾兰、蓬莱蕉、芦荟、景天、斑叶万年青、观音莲、冷水花、大岩桐、山苏花、鹿角蕨等。另外，植物接受的光照愈强烈，其光合作用所需要的二氧化碳也愈多，房间内的空气质量就愈高。所以，在植物能够承受的光线条件下，应当使房间里的光线愈明亮愈好。

3 能较强吸收二氧化硫的植物：常春藤、吊兰、苏铁、鸭跖草、金橘、菊花、石榴、松叶牡丹、万寿菊、树兰、腊梅、雏菊、美人蕉等。

4 能强效吸滞粉尘的植物：大岩桐、单药花、盆菊、金叶女贞、波士顿肾蕨、冷水花、观音莲、桂花等。

门窗密闭的居室

科技创造了空前繁荣的当今社会，使得日常生活得到了一步步的改善，人们得以使用各种各样的建筑和装饰材料美化居室，并配置各种现代化的家具、家电以及办公用品，然而它们在为居室带来舒适、美观与便捷的同时，也给居家环境带来了严重的污染。另外，人们在室内进行的一些活动，例如：呼吸、排泄、说话、抽烟、做饭、使用电脑等，也会给居家环境带来严重的污染。在门窗长期紧闭的房间里，积聚着大量甲醛、苯及氡等有害气体。很多经常使用的居家用品，尤其是装修未满三年的居室家具、地板及别的装修材料，会释放出甲醛、苯等有害气体，非常不利于人们的身体健康。所以，应当在房间内栽植或摆放一些可以有效吸收这些有害气体的植物。与此同时，要尽量选用耐阴的观叶植物，例如：蓬莱蕉、一叶兰、绿萝、黛粉叶、虎尾兰；或者主要选用半阴性植物，例如：文竹、观音棕竹、橡胶树等。

1 能强效吸收甲醛的植物：吊兰、仙人掌、龙舌兰、常春藤、绿萝、非洲菊、菊花、秋海棠、鸭跖草、一叶兰、白鹤芋、帝王蔓绿绒、黄椰子、水竹草、鸭跖草、接骨木、橡胶树、马拉巴栗等。

2 能强效吸收苯的植物：虎尾兰、常春藤、苏铁、树兰、芦荟、吊兰、龙舌兰、菊花、天南星、冷水花、香龙血树、斑叶万年青等。

3 能强效吸收氡的植物：能强效吸收氡的植物非常少，目前只发现虞美人在这方面有一定的作用。若房间是东西向的，可以选用的植物有文竹、轮伞草、黛粉叶等。

4 位于北面的房间，可以选用的植物有蓬莱蕉、虎尾兰、观音棕竹及橡胶树等。

5 需要注意的是，并不是所有的植物都对人体有益，有一些植物自身带毒素，或散发的气味含有毒素。这些植物是不宜放在房间里的，应当避免栽植或摆放。例如：人们闻紫丁香闻得时间长了就会造成憋闷、气喘，使记忆力受到影响；夜来香在晚上排放出的废气会使高血压、心脏病患者心情不快。

针对不同房间选择花草

安静幽雅的书房

在书房养花草，通常应当依从下列几个原则：

1. 从整体来说，书房的绿化宗旨是宜少宜小，不宜过多过大。所以，书房中摆放的花草不宜超过三盆。

2. 在面积较大的书房内可以安放移动柜，书册、小摆件及盆栽君子兰、山水盆景等摆放在其上，能使房间内充满温馨的读书氛围。在面积较小的书房内可以摆放大小适宜的盆栽花卉或小山石盆景，注意花的颜色、树的形状应该充满朝气，树兰、茉莉、水仙等雅致的花卉都是较好的选择。

3. 适宜摆设观叶植物或色淡的盆栽花卉。例如：在书桌上面可以摆一盆文竹或竹蕉，也可摆设五叶松、凤尾竹等，在书架上方靠近墙的地方可摆设悬垂植物，比如：吊兰等。

4. 可以摆设一些插花，注意插花的颜色不要太艳，最好采用简洁明快的东方式插花，也可以摆设一两盆盆景。

5. 书房的窗台和书架是最为重要的地方，一定要摆放一两盆植物。可以在窗台上摆放稍大一点儿的虎尾兰、君子兰等花卉，显得质朴典雅；还可以在窗台上点缀几小盆外形奇特、比较耐旱的仙人掌类植物，来调节和活跃书房的气氛；在书架上，可放置两盆精致玲珑的松树盆景或枝条柔软下垂的观叶植物，比如：常春藤、吊兰、吊竹草等，这样可以使环境看起来更有动感和活力。

6. 植物的功用上看，书房里所栽种或摆放的花草应具有“旺气”、“吸纳”、“观赏”三大功效。“旺气”类的植物常年都是绿色的，叶茂茎粗，生命力强，看上去总能给人生机勃勃的感觉，它们可以达到调节气氛、增强气场的作用，如大叶黛粉叶、观音棕竹等；“吸纳”类的植物与“旺气”类的植物有相似之处，它们也是绿色的，但最大功用是可以吸收空气中对人体有害的物质，比如：山茶花、紫薇、石榴、小叶黄杨等；“观赏”类的植物则不仅能使室内富有生机，还可达到令人赏心悦目的功用，比如：蝴蝶兰、野姜花等。

推荐花草组合

文竹＋吊兰

这一组合会让书房显得清新、雅静，充满文化气息，不仅益于房间主人聚精会神、减轻疲乏，还能彰显出主人恬静、淡泊、雅致的气质；同时吊兰又是极好的空气净化剂，可以使书房里的空气清新怡然。

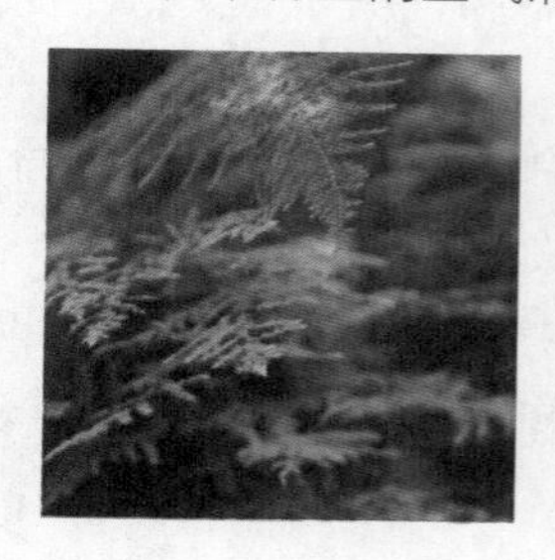

烹制美味的厨房

植物出现在厨房的概率应仅次于客厅，这是因为人们每天都会做饭、吃饭，会有一大部分时间待在厨房里。同时，厨房里的环境湿度也非常适合大部分植物的生长。在厨房摆放花草时应当讲求功能，以便于进行炊事，比如：可以在壁面上悬挂花盆等。厨房一般是在窗户比较少的北面

房间，摆设几盆植物能除去寒冷感。一般而言，在厨房摆放的植物应当依从下列几个原则：

1 厨房摆放花草的整体原则就是“无花不行，花太多也不行”。因为厨房一般的面积都较小，同时又设有炊具、橱柜、餐桌等，因此，摆设布置宜简不宜繁，宜小不宜大。

2 主要摆设小型的盆栽植物，最简单的方法就是栽种一盆葱、蒜等食用植物做装饰，也可以选择悬挂盆栽，比如：吊兰。同时，吊兰还是很好的净化空气植物，它可以在 24 小时内将厨房里的一氧化碳、二氧化碳、二氧化硫、氮氧化物等有害气体吸收干净，此外它还具有养阴清热、消肿解毒的作用。

3 在窗台上可以摆设三色堇、龙舌兰之类的小型花草，也能将短时间内不食用的菜蔬放进造型新颖独特的花篮里做悬垂装饰。另外，在临近窗台的台面上也可以摆放一瓶插花，以减少油烟味。如果厨房的窗户较大，还可以在窗前种植吊钵花卉。

4 厨房里面的温度、湿度会有比较大的变化，宜选用一些有较强适应性的小型盆栽花卉，比如：三色堇等。花色以白色、冷色、淡色为宜，以给人清凉、洁净、宽敞之感。

5 虽然天然气、油烟和电磁波还不至于伤到植物，但生性娇弱的植物最好还是不要摆放在厨房里。

6 值得注意的是，为了保证厨房的清洁，在这里摆放的植物最好用无菌的培养土来种植，一些有毒的花草或能散发出有毒气体的花草则不要摆放，以免危害身体健康。

推荐花草组合

绿萝＋白鹤芋

在房间内朝阳的地方，绿萝一年四季都能摆设，而在光线比较昏暗的房间内，每半个月就应当将其搬到光线较强的地方恢复一段时日。家庭使用的清洁剂、洗涤剂及油烟的气味对人们的身体健康危害很大，绿萝能将其 70% 的有害气体有效地消除，在厨房里摆设或吊挂一盆绿萝，就能很好地将空气里的有害化学物质吸收掉。白鹤芋能强效抑制人体排出的废气，比如：氨气、丙酮，还能对空气里的苯、三氯乙烯及甲醛进行过滤，让厨房内的空气保持新鲜、洁净。

储蓄能量的餐厅

餐厅是一家人每日聚在一起吃饭的重要地方，所以应当选用一些能够令人心情愉悦、有利于增加食欲、不危害身体健康的绿色植物来装饰。餐厅植物一般应当依从下列几个原则来选择和摆放：

1 对花卉的颜色变化和对比应适当给予关注，以增加食欲、增加欢乐的气氛，春兰、秋菊、秋海棠及圣诞红等都是比较适宜的花卉。

2 由于餐厅受面积、光照、通风条件等各方面条件的限制，因此，摆放植物时首先要考虑哪些植物能够在餐厅环境里找到适合它的空间。其次，人们还要考虑自己能为植物付出的劳动强度有多大，如果家中其他地方已经放置了很多植物，那么餐厅摆放一盆植物即可。

3 现在，很多居家格局是客厅和餐厅连在一起，因此，可以摆放一些植物将其分隔开，比如：悬挂绿萝、吊兰及常春藤等。

4 根据季节变化，餐厅的中央部分可以摆设春兰、夏洋（彩叶草）、秋菊、冬红（圣诞红）等植物。

5 餐厅植物最好以耐阴植物为主。因为餐厅一般是封闭的，通风也不好，适宜摆放文竹、粗肋草、虎尾兰等植物。

6 色泽比较明亮的绿色盆栽植物，以摆设在餐厅周围为宜。

7 餐桌是餐厅摆放植物的重点地方，餐桌上的花草固然应以视觉美感为考虑，但也注意尽量不摆放易落叶和花粉多的花草，如蕨类植物、百合等。

8 餐厅跟厨房一样，需要保持清洁，因此，在这里摆放的植物最好也用无菌的培养土来种植，有毒的花草或能散发出有毒气体的花草则不要摆放，比如：郁金香、含羞草等，以免伤害身体。

推荐花草组合

春兰＋圣诞红

春兰形姿优美、芳香淡雅，令人赏之闻之都神清气爽；而颜色鲜艳的圣诞红则会令人心情愉快，食欲增加。这两者是餐厅摆放花卉的首选，可共同摆放。

阴暗潮湿的浴厕

浴厕同样是我们不应该忽略的场所。大部分浴厕的面积都不大，而且光照不佳，所以，应当选用那些对光照要求不甚严格的冷水花、猪笼草、蕨类植物等花草，或有较强抵抗力同时又耐阴的蕨类植物，或占用空间较小的细长形绿色植物。在摆放植物的时候应当注意下列几点：

1 摆放的植物不要太多，而且最好摆放小型的盆栽植物。同时要注意的是，植物摆放的位置要避免被肥皂泡沫飞溅，导致植株腐烂。因此，浴厕采用吊盆式较为理想，悬吊的高度以淋浴时不会被水冲到或溅到为宜。

2 不可摆放香气过浓或有异味的花草，以生机盎然、淡雅清新的观叶植物为宜。

3 浴厕内有窗台的，在其上面摆设一盆藤蔓植物也十分美观。

4 浴厕湿气较重，又比较阴暗，因此，要选择一些喜阴的植物，比如：虎尾兰。虎尾兰的叶子可以吸收空气中的水蒸气为自身保湿所用，是厕所和浴室植物的最佳选择之一。另外，蕨类和椒草类植物也都很喜欢潮湿，同样可以摆放在这里，比如：肾蕨、铁线蕨等。

5 浴厕是细菌较多的地方，所以放置在浴厕的植物最好具有一定的杀菌功能。比如：常春藤可以净化空气杀灭细菌，同时又是耐阴植物，放置在浴厕非常合适。

6 浴厕里的异味是最令人烦恼的，而一些绿色植物又恰恰是最好的除味剂，比如：薄荷。将它放在马桶水箱上，既环保美观，又香气怡人。

7 浴厕是氯气最容易产生的地方，因为自来水里都含有氯。人们如果长期吸入氯气则容易出现咳嗽、咳痰、气短、胸闷或胸痛等症状，易患上支气管炎，严重时可发生窒息或猝死。因此，放置一盆能消除氯气的植物是非常有必要的，比如：树兰、木槿、石榴等，但若光线不佳，则不宜。

推荐花草组合

绿萝＋白鹤芋

绿萝被誉为“异味吸收器”，可以消除70% 的有害气体，然而在光线比较昏暗的浴厕里，应当每半个月把它搬到光线较明亮的环境中恢复一段时日。浴厕里面的温度和湿度经常比较大，还比较适合白鹤芋的生长。白鹤芋可以抑制人体呼出的废气，比如：氨气、丙酮，与此同时，它还可以对空气里的甲醛、苯及三氯乙烯进行过滤，使浴厕内的空气总是自然、清新。

种花，打造净化小花园

从种子到幼苗，再由幼苗变成一棵茁壮的植株，然后开花、结果，这一切的过程都会在你的精心培育下一点一点地发生，你会感叹生命的神奇，更会领略到生活的美好。对于一个热爱生活的人，很难想象生活之中没有花草是什么样子，阳台上的那一抹抹绿色是人与自然最为和谐的验证，拥有了这一片美丽的小天地，就仿佛置身于大自然的怀抱中，那些世俗的烦恼真的会变得不再重要。

种花的快乐更多的是一种恬淡的心境，一种于生活乐观积极的态度，更是生活品质的提升。要体验生活的美好，那就快来享受种花带给我们的无尽快乐吧！

三色堇

［堇菜科］

三色堇是春天花坛里的主角，常被栽培在公园中。三色堇因为一朵花有三种颜色而著称，但是也有一花单纯一色的品种。

三色堇色彩艳丽，对环境的适应力很强，是很容易种植的一种草本花卉。

花草小档案

温度要求	阴凉
湿度要求	湿润偏干
适合土壤	酸性排水良好的砂质土壤
繁殖方式	播种、扦插、压条
栽培季节	夏季、秋季
容器类型	中型
光照要求	喜阳
栽培周期	全年

栽培月历

月	1	2	3	4	5	6	7	8	9	10	11	12
种　植												
生　长												
收　获												

［浇水］

三色堇怕积水，在湿度较大、排水不良的土壤里很难正常地生长发育，所以浇水一定要适量。

刚刚栽种后应每天浇水一次，连浇 7 ~ 10 天。植株开花后，浇水应以“见干见湿”为原则；保持盆土偏干的环境是比较适合三色堇生存的。

［施肥］

三色堇对肥料的需求量不大，但是对所含的营养有一定的要求，一般来说只需要氮肥来补充营养即可，也可在生长旺季追加一次稀薄的含磷复合肥。

栽种和养护三色堇以较稀的豆饼水做肥料最安全，每月施用一次即可。要少施用氮肥，多施用磷肥和钾肥。

栽种步骤 STEP BY STEP

① 首先要将种子浸湿，晾干后就可以直接播种了，覆土 2 ~ 3 厘米即可。

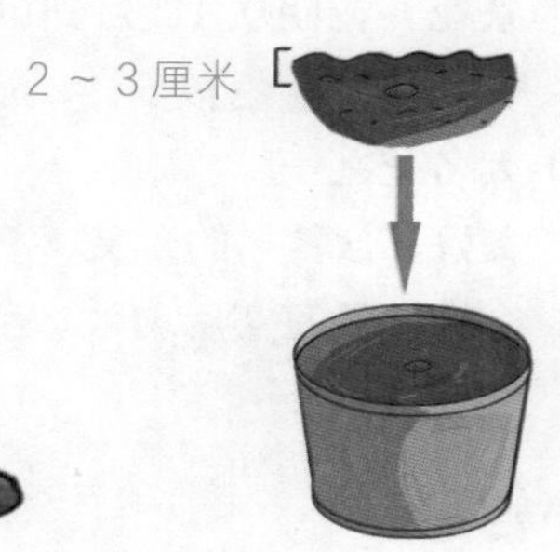

② 播种 10 天左右小苗就会长出。

等小苗长到 3 ~ 5 片叶的时候，要进行移植上盆，然后置于阴凉的地方照顾至少 1 周的时间，再移到阳台向阳的地方正常照顾。

③ 在生长旺季，要施一次稀薄的有机肥或含氮液肥。

④ 一般在种植 2 个月后植株会开花，开花时要保持充足的水分，这样更加有利于增加花朵的数量，适当的遮荫还可以延长花期。

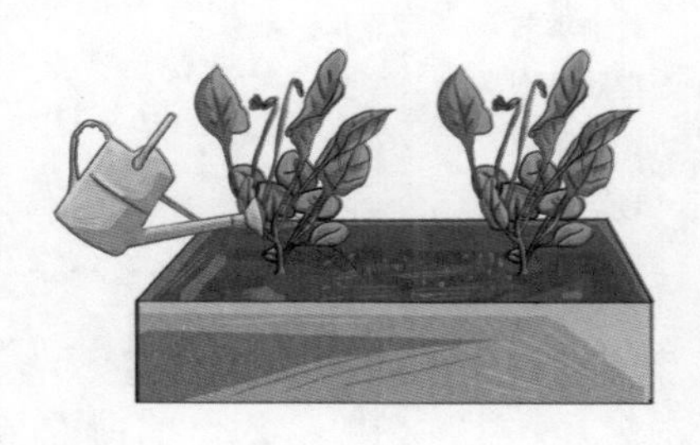

⑤ 开花后 1 个月结果。当卵形的果实由青白色转为赤褐色时，要及时采收。

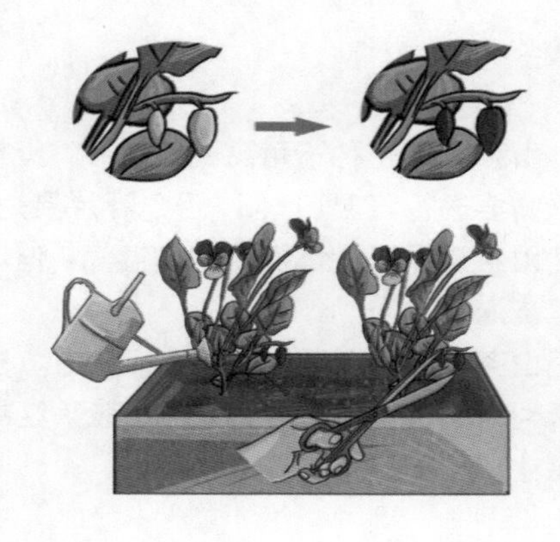

山茶花

[山茶科]

山茶又被称为茶花，花期从10月到第二年的4 月，品种繁多，色彩多样，是我国的传统十大名花之一。

山茶花具有“美好、含蓄”的含义，不仅美丽多姿，全株还具有实用功效。

花草小档案

温度要求	温暖
湿度要求	湿润
适合土壤	酸性排水良好的肥沃土壤
繁殖方式	播种、嫁接、扦插、压条
栽培季节	夏季、秋季
容器类型	中型
光照要求	喜阳
栽培周期	全年

栽培月历

月	1	2	3	4	5	6	7	8	9	10	11	12
种　植						●	—	—	—	●		
生　长	●	—	—	—	—	—	—	—	—	—	—	●
收　获	●	—	—	●							●	●

[浇水]

山茶花是一种不耐高温的花卉，炎热的夏季需要进行降温、遮阳，否则叶片易灼伤，因此山茶花需要土壤保持均匀湿润，但不宜大量浇灌。

山茶花积水容易造成根部腐烂。夏季每天可向叶片喷洒一次水，可避免红蜘蛛的滋生。

[施肥]

山茶花性喜肥，施肥前要松土，施后要“还水”。如果施肥不足，就会抑制根系生长，影响抽枝、发叶和开花；但施肥过量或不得其时、不得其法，又会使根系霉烂、枝叶枯萎，甚至于全株死亡。

栽种步骤 STEP BY STEP

① 山茶花可采用扦插的方式繁殖，剪取当年生 10 厘米左右的健壮枝条，顶端留 2 片叶子，基部带老枝的比较合适。

② 将插穗插入土中，遮阴，每天向叶面喷雾，温度保持在 20℃ ~ 25℃，40 天左右就可以生根了。

③ 生长旺季施一次稀薄的液态有机肥，但当高温天气来临就要停止施肥，开花前要增施两次磷肥和钾肥。

④ 花芽形成后，要及时除去弱小、多余的花芽，每枝留 1 ~ 2 个花蕾，同时摘除干枯的花蕾。

⑤ 开花期间不可向花朵喷水，花期结束时要及时除去残花，并立即施加追肥。

牡丹

［毛茛科］

牡丹素有“花中之王”的美称，不仅拥有华贵的气质，而且历史悠久，是历代文人墨客称颂的典范。

牡丹象征着富贵繁盛，除供作观赏外，牡丹的茎、叶、花瓣等都具有很出众的药用价值。

花草小档案

温度要求	耐寒
湿度要求	耐旱
适合土壤	中性排水良好的砂质土壤
繁殖方式	夏季播种、分株、嫁接、扦插
栽培季节	秋季
容器类型	大型
光照要求	喜光
栽培周期	8 个月

栽培月历

月	1	2	3	4	5	6	7	8	9	10	11	12
种　植									—	—		
生　长			—	—	—	—	—	—	—	—		
收　获			—									

［浇水］

牡丹无法忍受土壤过湿，怕积水，具有一些抗旱性。因此，要视盆土干湿情况浇水，要做到不干不浇，干透浇透，水勤、水多则烂根。

栽植后浇透水，之后等盆土干燥时再浇一次少量的水，直到开花，然后让盆土保略湿就可以。

［施肥］

牡丹的生长需要较多肥料，新种的第 1 年不施肥，从栽种后第 2 年开始，每年施肥 3 次，第一次在牡丹开花前 15 ~ 25 天左右；第二次在开花后半个月内进行，这时正是枝叶生长旺盛和花芽开使分化的时候；第三次在秋冬之季施用，分量可多些，有助牡丹过冬，可施用市面上所售的玫瑰肥即可。

栽种步骤 STEP BY STEP

① 培养土要选择含有砂土和肥料的混合性土壤，用庭园土、肥料和砂土混合的自制土壤也是可以的。

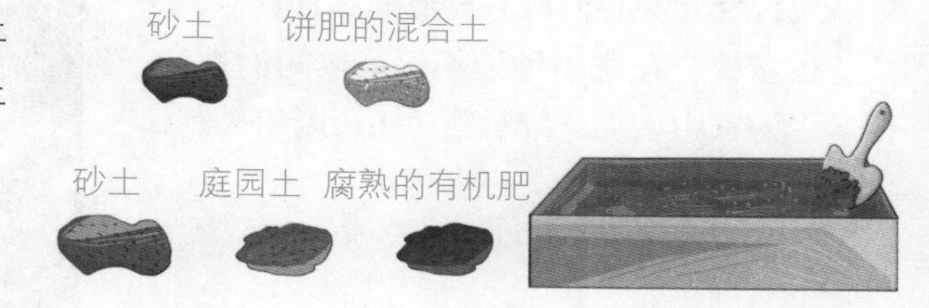

② 将生长5年以上的牡丹连土取出，抖去旧土，放置于阴凉处晾2～3天连枝条一起分成2～3枝一组的小株。

③ 在生长旺季，要施一次稀薄的有机肥或含氮液肥。

④ 开花时，要在植株上加设遮阳网或暂时移至室内，避免阳光直射，以延长开花期。

⑤ 秋、冬季落叶后要进行整体的修剪，剪去密枝、交叉枝、内向枝以及病弱枝，保持植株的优美形态。

玫瑰

［蔷薇科］

玫瑰象征着美好的爱情，具有浓郁的香气，令人赏心悦目。玫瑰的品种繁多、花色多样，在家中种植不仅可以陶冶性情，也为家中增加绵绵情意，还可以用来制作茶饮美食，可谓一举多得。

花草小档案

温度要求	阴凉
湿度要求	耐旱
适合土壤	微酸性排水良好的砂质土壤
繁殖方式	播种、分株、扦插
栽培季节	春季、夏季、秋季
容器类型	中型
光照要求	喜光
栽培周期	8个月

栽培月历

月	1	2	3	4	5	6	7	8	9	10	11	12
种植			●	—	—	—	—	●				
生长			●	—	—	—	—	—	—	●		
收获			●	●							●	●

［浇水］

玫瑰在生长季节可以每1～2日浇水一次；在酷热的夏天或干旱季节，须每日浇一次水；在雨季则须留意及时排除积水，防止根部发生腐烂。

玫瑰平时对水分的要求不高，盆土变干时浇水即可，适当干旱的环境对玫瑰的生育较佳，如果浇水过多，过于潮湿容易导致叶片发黄、脱落。

［施肥］

玫瑰较嗜肥，一般每年要施用4次肥料。春天须施用以氮为主或氮磷相结合的速效肥，比如：磷酸二铵、尿素等；4月中旬到5月下旬应适时追施合适量的速效复合肥；在开花期间施用一次肥料，能促使枝条加快生长；在叶片凋落后到进入冬天之前，不能施用速效氮肥。

栽种步骤 STEP BY STEP

① 玫瑰可使用种苗种植，也可以直接到花市或园艺店购买盆栽，选择健壮、无病虫危害的种苗或盆栽栽培。

健壮、无病虫危害的种苗

到花市或园艺店购买

② 初冬或早春，将玫瑰种苗浅栽到容器中，覆土、浇水、遮阴，当新芽长出后即可移至阳光充足的地方。

③ 当玫瑰的花蕾充分膨大但未绽开时就可以采摘了，阴干或晒干后可泡花茶。

④ 开花后的植株需要疏剪密枝、重叠枝，进入冬季休眠期后，须剪除老枝、病枝和生长纤弱的枝条。

剪去密枝、重叠枝

⑤ 盆栽的玫瑰通常每隔 2 年需要进行一次分株，分株最好选择在初冬落叶后或早春萌芽前进行。

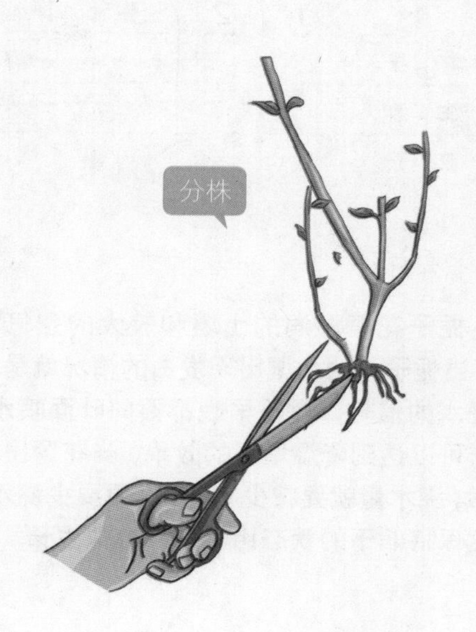

栀子花

［茜草科］

栀子花为重要的庭院观赏植物。栀子花从冬季开始孕育花蕾，盛夏时节绽放，叶片四季常绿，花朵洁白无瑕，香气四溢，是一种美好而圣洁的花卉。放在室内可以净化空气，果实还可以入药。

花草小档案

温度要求	温暖
湿度要求	湿润
适合土壤	微酸性排水良好的砂质土壤
繁殖方式	播种、扦插、压条
栽培季节	春季、秋季
容器类型	中型
光照要求	喜光
栽培周期	8个月

栽培月历

月	1	2	3	4	5	6	7	8	9	10	11	12
种植			●	●					●	●		
生长			●	●	●	●	●	●	●	●		
收获						●	●					

［浇水］

栀子花喜湿润的土壤和较大的空气湿度，当栀子花的土壤出现发白的情况就是需要浇水的信号，夏季早晚都要向叶面喷水，这样可以达到降温增湿的效果。当花蕾出现之后，浇水量就要减少了，冬季更要少浇水，花盆保持偏干的状态比较适合植株生长。

［施肥］

栀子花喜肥，在培养土中可加入3%腐熟饼肥作基肥。

生长季节用饼肥加硫酸亚铁沤制的矾肥水每周浇一次，也可用0.1 %腐殖酸全营养有机液肥。现蕾期浇1次至2次0.1%磷酸二氢钾水溶液，可使花朵肥大、花香浓郁；酷暑期气温35℃以上和秋季15℃以下时停肥。

栽种步骤 STEP BY STEP

① 栀子花常采用扦插的方法进行繁殖，选取2～3年生的健壮枝条，剪成长10厘米左右的插穗，留两片顶叶，将插穗斜插入土中，然后进行浇水遮阴。

② 1个月后，将已经生根的植物移植到偏酸性的土壤中，置于阳光下栽培。

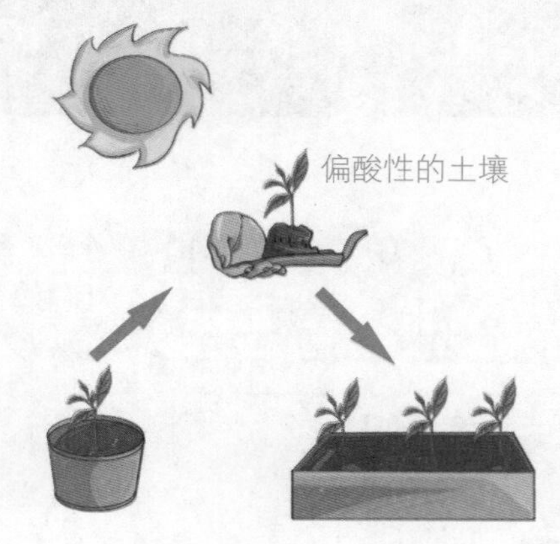

注意事项

对阳光的特殊嗜好

栀子花很喜欢阳光的滋养，但是不能接受阳光的直射，将它放置于避免阳光直射的地方就可以了。

③ 栀子花是一种喜肥的植物，生长旺季15天左右须追加一次稀薄的液态有机肥，开花前增施钾肥和磷肥含量较高的肥料，花谢后则要减少施肥。

④ 栀子花在花蕾孕育期须追1～2次的稀薄磷钾肥，并给予充足光照，花谢后要及时剪除开花枝，以促使新枝萌发。处在生长期的栀子花要进行适量的修剪，剪去顶梢，以促进新枝的萌发。

⑤ 春季时要对植株进行一次修剪，剪去老枝、弱枝和乱枝，以保证株型的美观。春季时要对植株进行一次修剪，剪去老枝、弱枝和乱枝，以保证株型的美观。

菊花

［菊科］

菊花有很多的品种，颜色也非常多样，有着“高洁、遗世独立”的品格，既可以用于观赏，也可以用来净化空气，还可以制作茶饮、美食，具有明目、解毒的功效。

花草小档案

温度要求	阴凉
湿度要求	耐旱
适合土壤	中性排水良好的肥沃土壤
繁殖方式	播种、扦插、分株、压条、嫁接
栽培季节	春季、夏季
容器类型	中型
光照要求	较喜光
栽培周期	全年

栽培月历

月	1	2	3	4	5	6	7	8	9	10	11	12
种　植												
生　长												
收　获												

［浇水］

菊花的浇水时间和浇水量都要合适，勿积聚过多的水，让土壤处于略湿状态即可。

刚刚栽种的菊花幼株，在天气炎热时，要每天喷雾 2 ~ 3 次，使盆土保持湿润。

给菊花浇水应以“见干见湿”为原则。

［施肥］

菊花的开花时间较长，所需要的营养成分也比较多。它喜欢钾肥，氮肥、磷肥与钾肥的施用比例应为 15∶8∶25，在生长期内须大约每隔 15 天施加一次追肥。

在开花鼎盛期，可以用 0.5% 的磷酸二氢钾对叶面进行追肥。

栽种步骤 STEP BY STEP

① 剪取有 2 ~ 4 节的新枝，长度在 10 厘米左右，摘去枝条下部的叶片，插入土中，然后浇水遮荫。

② 15 ~ 20 天的时间就可以生根了，1 个月后可进行移植上盆，浇透水后放到半阴处，1 周后进行正常栽培即可。

③ 夏季每天早、晚要各浇水一次，立秋天后 2 ~ 3 天浇水一次，冬季要控制浇水量。

夏季每天早、晚各浇水一次

立秋后 2 ~ 3 天浇水一次

④ 花期前要增施一次磷肥和钾肥，开花期和休眠期则要停止追肥。

花期前

⑤ 生长期要及时剪去多余侧枝，花蕾长出后，单花型菊花需要选留一个最饱满的花蕾，多花型菊花则每个分枝都要选留一个花蕾，其余要全部摘除。

留一个最饱满的花蕾

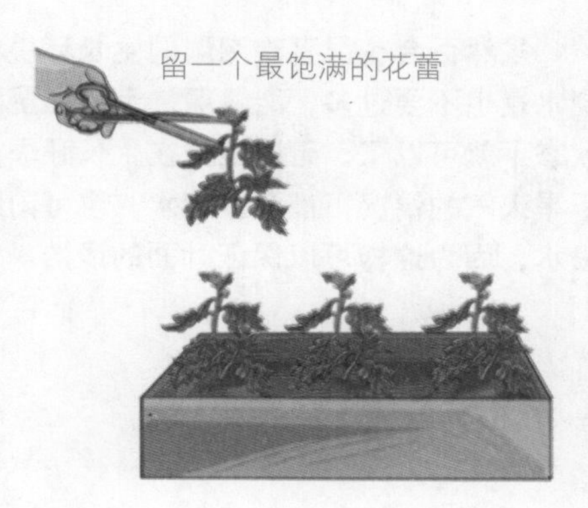

百合

［百合科］

百合，多年生球根草本花卉，有很多品种和名称。

合花典雅多姿，常常被人们赞誉为“云裳仙子”，寓意着“百年好合”，是吉祥、喜庆的象征。

花草小档案

温度要求	温暖
湿度要求	湿润
适合土壤	微酸性排水良好的砂质土壤
繁殖方式	播种、扦插、压条
栽培季节	春季、秋季
容器类型	中型
光照要求	喜光
栽培周期	8 个月

栽培月历

月	1	2	3	4	5	6	7	8	9	10	11	12
种　植			●	●					●	●		
生　长			●	●	●	●	●	●	●	●		
收　获						●	●					

［浇水］

虽然百合花很喜欢潮湿的生长环境，但浇水量也不要过多，能够保持土壤在湿润的状态下就可以了，无论是处在生长旺季或者干旱天气的情况下都要勤浇水，也可向叶面喷水，因为这样可以保证叶面的清洁。

［施肥］

百合花喜肥，但是要薄肥勤施，在栽种的时候要尽量用肥沃的基质，百合花刚种下的时候，在生长最初阶段，仅靠基肥就足够了，无须额外追肥，以免造成烧根，影响生长。

等百合花发芽等叶子展开，可以酌情追肥，生长旺盛期，出花蕾之前，可以追氮肥。出花蕾之后，可以追磷钾肥。

栽种步骤 STEP BY STEP

① 在每年的9～11月份，将球根外围的小鳞茎取下，将其栽入培养土中，深度约为鳞茎直径的2～3倍，然后浇透水。

② 3周后留下主枝和2个侧枝，然后将其余的芽全部去掉。

③ 生长期需要施一次稀薄液肥，以氮、钾为主，在长出花蕾时，要增施1～2次磷肥。

④ 当最初的果实逐渐变大时，进行一次追肥，以后每隔2周追肥一次。

⑤ 花期后，要及时剪去黄叶、病叶和过密的叶片，以免养分的不必要消耗。

水仙

［石蒜科］

水仙有单瓣和复瓣两种，姿容秀美，香气浓郁，水仙不仅可以在土壤中栽种，还可以进行水培，根茎可以入药，但是花枝有毒，栽培时要注意不要误食。

花草小档案

温度要求	阴凉
湿度要求	湿润
适合土壤	微酸性排水良好的砂质土壤
繁殖方式	分株
栽培季节	春季、秋季
容器类型	大型
光照要求	喜光
栽培周期	10 个月

栽培月历

月	1	2	3	4	5	6	7	8	9	10	11	12
种植			●	●	●			●	●	●		
生长	●	●						●	●	●	●	●
收获	●	●									●	●

［浇水］

在刚上盆之后适宜每日更换新水；在花苞长出来后可以每周更换一次水，而且须保证水质洁净，不可使用不干净的水、硬水或杂有油质的水，避免因水变质而导致植株的根系腐烂，而且还可以使生长出来的根系纯白洁净，观赏价值更高。

［施肥］

用水栽法种植的水仙花，通常不用施用肥料，如果条件允许，也可以在花期内略施适量的速效磷肥，以使花朵开得更加硕大、花色更加娇艳。

栽种步骤 STEP BY STEP

① 初冬时节选取直径8厘米以上的水仙鳞茎，最好是表面有光泽、形状扁圆、下端大而肥厚、顶芽稍宽的。

② 洗净鳞茎上的泥土，剥去褐色的皮膜，在阳光下晒3～4小时，然后在鳞茎的顶部划"十"字形刀口，再放入清水中浸泡24小时，然后将切口上流出的黏液洗净。

③ 将水仙鳞茎放在浅盆中，用石子固定，水加到鳞茎下部1/3的位置，5～7天后，鳞茎就会长出白色的须根，之后新的叶片就会长出。

④ 上盆后，水仙每隔1～2天换水一次，长出花苞后，5天左右换一次水即可，鳞茎发黄的部分用牙刷蘸水轻轻刷去。

⑤ 水仙开花期间，要控制好温度，并保证充足的光照，否则会造成开花不良或花朵萎缩的现象。

注意事项

水仙花生长的三大要素

温度、光照和水是水仙花生长的三大要素，这三大要素对于水仙花的生长来说至为重要，缺一不可，只有掌握好这三大要素，水仙花才会开出无比娇艳的花朵。

温度　光照　水

仙人球

［仙人掌科］

仙人球为多年生肉质的多浆草本植物，是沙漠中的王者，也是一种不需要太多关照的植物。

它的茎呈球形或椭圆形，样子非常可爱，花期虽然短暂，但花朵却十分娇美。仙人球可以吸收电磁波，甚至可以吸附尘埃，净化空气。

花草小档案

温度要求	温暖
湿度要求	耐旱
适合土壤	中性排水良好的肥沃土壤
繁殖方式	扦插、嫁接
栽培季节	春季、夏季、秋季
容器类型	不限
光照要求	喜光
栽培周期	全年

栽培月历

月	1	2	3	4	5	6	7	8	9	10	11	12
种　植												
生　长												
收　获												

［浇水］

浇水应适量，浇水量不可以过多，否则就会导致植株出现烂根的现象，在浇完水后宜尽快翻松土壤，防止土壤表层变硬，影响植株生长。新种植的仙人球不可浇水，每日进行 2 ~ 3 次喷雾即可，15 天后可以浇少量的水，1 个月后生出新根方可渐渐加大浇水量。

［施肥］

在生长期内，可以每 10 ~ 15 天施用完全腐熟的稀释液肥或复合肥一次。

进入秋天后应控制施肥，通常每月施用一次，到 10 月上旬则不再施用肥料；冬天及炎夏也要停止施用肥料。

栽种步骤 STEP BY STEP

① 将母球上萌生的小球切下，晾晒 2 ~ 3 天后插入盆土中，以喷雾的方式供水。

② 仙人球非常耐旱，春、秋两季 5 ~ 7 天浇水一次即可，夏季 3 ~ 4 天浇水一次，夏季高温和冬季休眠期间，要控制浇水。

春、秋两季 5 ~ 7 天浇水一次

夏季 3 ~ 4 天浇水一次

注意事项

仙人球爱阳光

仙人球喜欢阳光充足的生长环境，即便是阳光曝晒也没有关系，不要将植物放置在光线弱的场所，保证植物能在全日照的环境中生长是最好的。

③ 如果培养土中的肥力充足，第一年可以不进行追肥，从第二年开始，生长期间须施加一次腐熟的稀薄液肥，入秋后再追施一次氮肥。

④ 扦插繁殖的植株一般 2 年就可以开花了，植株以短日照的方式进行培植，就可产生花蕾。花蕾出现后土壤不要过干或过湿，这样有可能导致花蕾脱落。

⑤ 换盆要在早春或秋季休眠前进行，剪去部分老根，晾晒 4 ~ 5 天，再栽入新土中，覆土，每天喷雾 2 ~ 3 次。

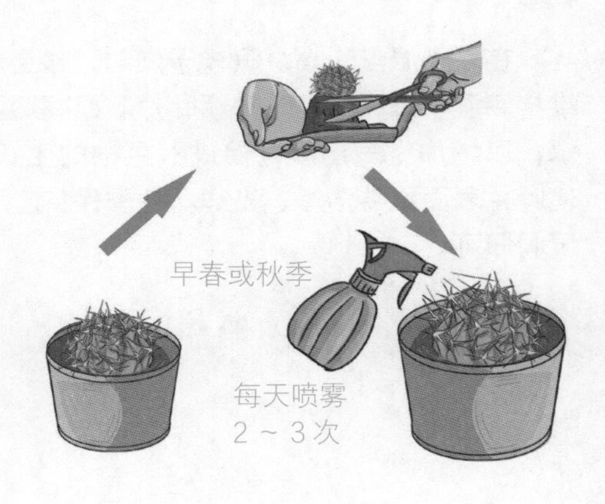

绿萝

[天南星科]

绿萝四季常青，姿态优美，常常攀附支架生长，焕发着勃勃生气。绿萝多为全株通绿，但有些品种的叶面上也有黄色或白色的斑纹，无论是家居种植还是装饰庭院，都以其优雅姿态而大受欢迎。其花语是“守望幸福”。

花草小档案

温度要求	温暖
湿度要求	湿润
适合土壤	中性排水良好的肥沃土壤
繁殖方式	扦插、压条
栽培季节	春季、夏季、秋季
容器类型	中型
光照要求	喜阳
栽培周期	全年

栽培月历

月	1	2	3	4	5	6	7	8	9	10	11	12
种　植			●	—	—	—	—	—	—	●		
生　长	●	—	—	—	—	—	—	—	—	—	—	●
收　获												

[浇水]

在夏天温度较高、气候干燥时，盆土应维持潮湿状态，并应时常朝叶片表面喷洒清水，以增加空气湿度，促进气生根的生长，使叶片表面维持洁净、光鲜。冬季保持土壤湿润即可。

[施肥]

绿萝需肥量不大，施肥时要谨记“薄肥勤施”。在植株的生长季节，可以每 2 周施用浓度较低的液肥一次，应多施用磷肥和钾肥，少施用氮肥。秋天和冬天要少施用肥料。

栽种步骤 STEP BY STEP

① 绿萝主要采用扦插的方式进行繁殖，大都在 4 ~ 8 月间进行。剪取嫩枝 10 ~ 15 厘米，去掉下部的叶片，将 1/3 的枝条插入土中，浇透水后，遮阴并保持适当的温度和湿度。或直接插于水中，也可以发根生长。

② 经过 30 天左右的时间就可以生根了。将 3 ~ 5 棵小苗一起移植在一个容器中，放在半阴处照顾。

③ 绿萝在生长期间要保持盆土均匀湿润，夏季要经常浇水，冬季则要控制浇水量。

④ 当最初的果实逐渐变大时，进行一次追肥，以后每隔 2 周追肥一次。

直立盆栽，要有支架支撑。

⑤ 植物在生长期间需要施加一次稀薄的复合液肥，秋冬季节则要施加一次叶肥。

注意事项

修剪一下更漂亮

绿萝需要及时修剪一下，修剪工作应该在春天进行，将攀附不到支架上的茎条缠绕在支架上，然后用细绳固定好，如果枝条太长，则要进行适当的修剪。

需要剪根的植物

绿萝的生长需要选择大小适当的容器，在移植绿萝时要注意一下花盆的大小，不要选择过小的花盆，这样很不利于植株根部的呼吸；换盆时可以将生长过于繁密的根系剪掉，一个容器中也不要栽种数量过多的植株。

芦荟

［天南星科］

芦荟是肉质常绿草本植物，原产于非洲，全世界约有 300 种。

芦荟的叶片丰润肥美，形状变化万千，是一种看起来非常可爱的植物，叶片中的汁液丰沛浓厚，是美容养颜的上佳选择。

芦荟还可以吸收辐射和净化空气，可以说是都市生活中的必备植物。

花草小档案

温度要求	温暖
湿度要求	湿润
适合土壤	中性排水良好的肥沃土壤
繁殖方式	扦插、压条
栽培季节	春季、夏季、秋季
容器类型	中型
光照要求	喜阳
栽培周期	全年

栽培月历

月	1	2	3	4	5	6	7	8	9	10	11	12
种　植												
生　长												
收　获												

［浇水］

芦荟春、秋季两季每 5 ~ 7 天浇水一次，夏季时每 2 ~ 3 天浇水一次，冬季低温的环境中要控制浇水量，也要注意勿让花盆积水。

［施肥］

芦荟生长期要施加一次腐熟的稀薄液肥，肥料不要浇到叶片上，如果土壤的肥力充足，也可以不进行追肥。

栽种步骤 STEP BY STEP

① 芦荟以叶插或分株繁殖为主，在春季结合换盆进行。首先，将植株脱盆，并将萌生的侧芽切下，在切口的位置涂上草木灰，晾晒 24 小时后就可以进行栽种了。

涂上草木灰，晾晒 24 小时。

② 春、秋季每 5 ~ 7 天浇水一次，夏季时每 2 ~ 3 天浇水一次，冬季低温的环境中要控制浇水量，也要注意勿让花盆积水。

③ 生长期要施加一次腐熟的稀薄液肥，肥料不要浇到叶片上，如果土壤的肥力充足，也可以不进行追肥。

④ 芦荟栽种 5 年才会开花，让植株接受充足的日照，保持空气干燥，每隔 10 天追施一次磷肥，会更加有利于植株开花。

⑤ 植物在生长期间需要施加一次稀薄的复合液肥，秋冬季节则要施加一次叶肥。

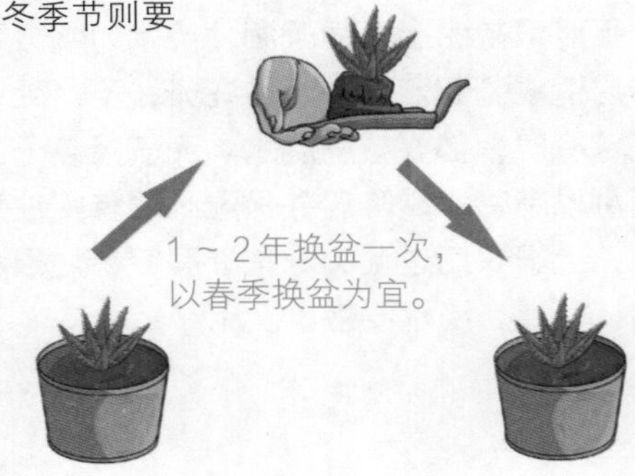

常春藤

［五加科］

常春藤四季常青，喜欢攀缘墙面或廊架之上，但是也有可悬挂起来的小型品种，随着四季更迭，常春藤叶片的颜色也会随之变换，是植物中的变色龙。可吸附空气中的有害物质，具有净化空气的作用，全株都可入药。

花草小档案

温度要求	温暖
湿度要求	湿润
适合土壤	中性排水良好的肥沃土壤
繁殖方式	扦插、压条、播种
栽培季节	春季、夏季、秋季
容器类型	大型
光照要求	喜阳
栽培周期	全年

栽培月历

月	1	2	3	4	5	6	7	8	9	10	11	12
种植			●	—	—	—	—	—	—	●		
生长	●	—	—	—	—	—	—	—	—	—	—	●
收获												

［浇水］

平时可待泥土表面干涸才浇水，水分不足容易造成基部落叶；若种在光线不足处或天气寒冷时，都要减少浇水。天气炎热干燥时则可以喷喷水雾降温并保湿；要特别注意的是，土壤长期过湿会令常春藤容易烂根和生病，因此，浇水要适量。

［施肥］

大约每两至三星期可施液肥一次。对带有斑纹的品种，液肥的氮，磷，钾比例为 1∶1∶1。施肥时，可用水稀释液肥，顺便当作浇水一次；浇时要避开叶片，以免烧伤。另外，太冷或太热的日子必须暂停施肥。

栽种步骤 STEP BY STEP

① 常春藤多采用扦插的方式繁殖，春、秋两季均可进行，选取当年生的健壮枝条，剪下10厘米左右的嫩枝做插穗，插入培养土中，注意浇水和遮阴。

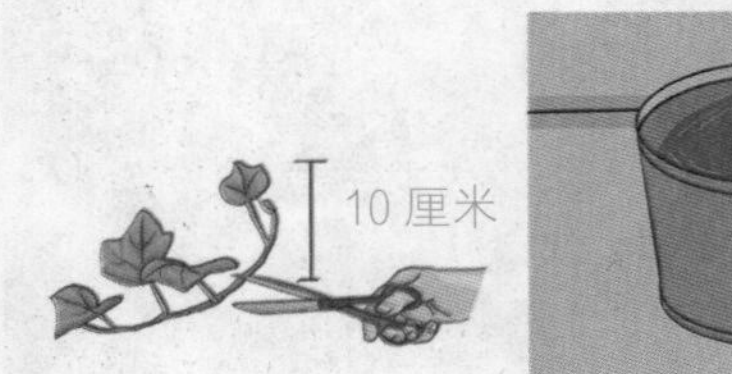

② 15天左右植物即可生根，生长一个月后即可移植上盆，上盆后放在半阴处栽培、照顾。

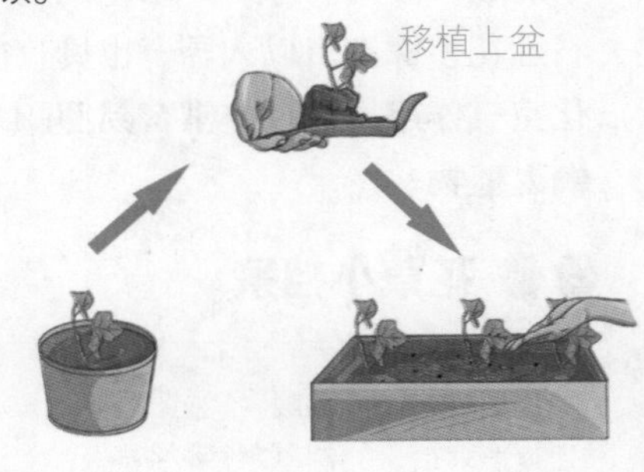

③ 生长期内要保持土壤的均匀湿润，土壤要见干再浇水，若冬季低温则严格控制浇水。

④ 常春藤如果作为攀缘性植物栽培，需要搭设支架才可以攀缘良好，可透过绑扎枝蔓的方式引导藤蔓的生长方向，以保证植株的姿态优美。

⑤ 生长期间须施加一次稀薄的复合液肥和一次叶肥，夏季高温和秋冬低温时要停止追肥。

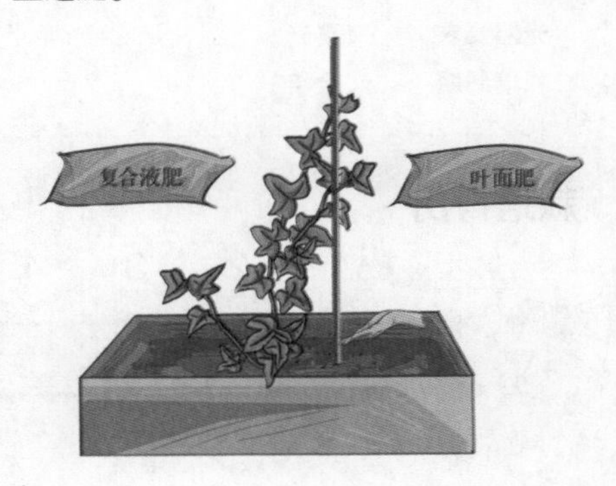

石莲花

[五加科]

石莲花的叶片丰润甜美，肉肉的植物叶片交错重叠，犹如一朵盛开的莲花宝座，四季绽放，被人们称为“永不凋谢的花朵”。石莲花整株都可以入药，也具有很好的净化空气作用，而且非常容易照顾，是一种懒人植物。

花草小档案

温度要求	温暖
湿度要求	耐旱
适合土壤	中性排水良好的肥沃土壤
繁殖方式	分株、扦插
栽培季节	春季、秋季
容器类型	不限
光照要求	喜光
栽培周期	全年

栽培月历

月	1	2	3	4	5	6	7	8	9	10	11	12
种　植												
生　长												
收　获												

[浇水]

可每日浇水使茎叶生长快速，也避免根部泡水的问题出现，否则花苞会烂。水量勿过多，否则花苞会腐烂，浇水要浇根部。生长期以干燥环境为宜，如盆土过湿，茎叶易徒长，降低观赏效果，冬季低温条件下，水分过多，根部易腐烂死亡。

[施肥]

生长季节每 20 天左右施一次腐熟的稀薄液肥或低氮高磷钾的复合肥，施肥时不要将肥水溅到叶片上。

施肥一般在天气晴朗的早上或傍晚进行；可适当浇水，酌情施肥，使植株继续生长。

栽种步骤 STEP BY STEP

① 将粗壮的叶片平铺在湿润的土壤上，叶面朝上，不覆土，放在半阴处，7 ~ 10 天就可以长出小叶丛和浅根了。当根长到 2 ~ 3 厘米长的时候，即可带土进行移植上盆。

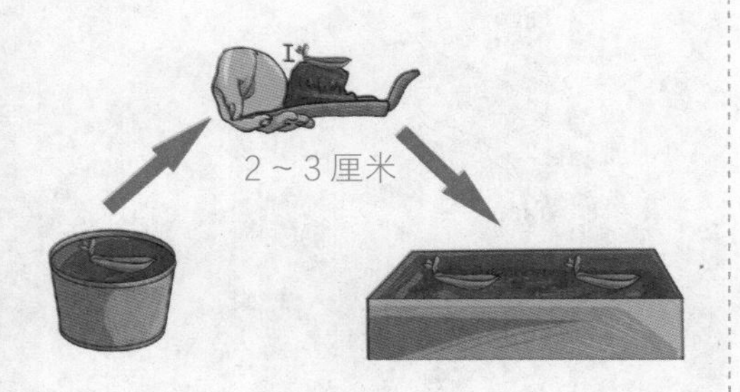

② 为避免盆土积水，采取见干再浇水的方式进行浇水。冬季控制浇水，常下雨的时候要将它搬入室内，以免受雨淋而腐烂。

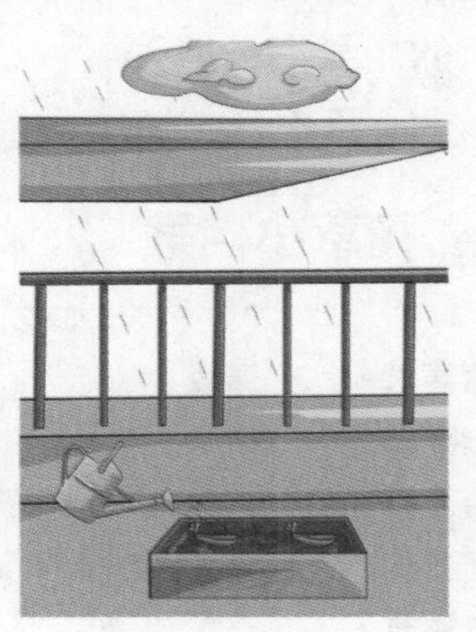

③ 生长期可追加一次腐熟的稀薄液肥或复合肥，以氮肥为主，注意肥料不要溅到叶片上。如果培养土的肥力充足，可以不进行追肥。

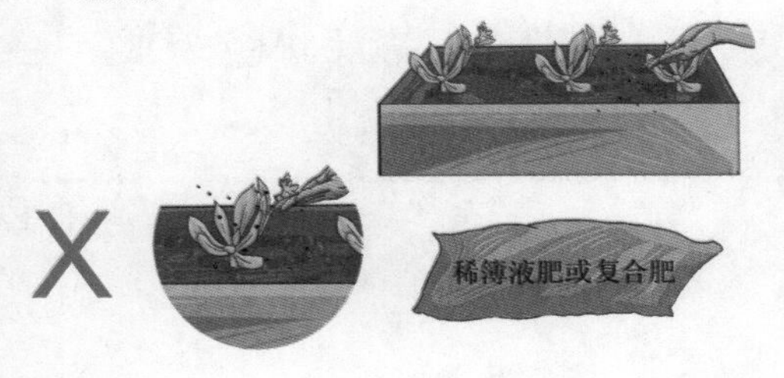

④ 石莲花开花前喜欢充足的阳光，光照愈充足就愈容易开花。

注意事项

叶片为什么长得快？

石莲花的最大特点就是叶片肥厚，肉肉的样子非常可爱，但是如果分枝生长得过快，叶片就会变薄，造成这种现象的最主要原因就是肥料施加过多，所以一定要控制好施肥量。

修剪叶子，保持美观

石莲花植株的生长虽然很有规则，但是处于下边的叶片还是非常容易出现枯萎变黄，生长期间要对植株进行一次修剪，并及时清理枯叶，保持株形美观，也有利于病虫害的防治。

文竹

［百合科］

文竹的名字和植物本身大相径庭，文竹事实上并不是竹子，但因其身姿潇洒，常常让人们想到竹子的品格，所以被人们称为“文竹”。

文竹的生长期一般为 4 ~ 5 年，一般在 9 ~ 10 月份开花结果。

花草小档案

温度要求	温暖
湿度要求	耐旱
适合土壤	微酸性排水良好的砂质土壤
繁殖方式	播种、嫁接
栽培季节	春季
容器类型	中型
光照要求	喜阳
栽培周期	全年

栽培月历

月	1	2	3	4	5	6	7	8	9	10	11	12
种　植												
生　长												
收　获												

［浇水］

文竹缺水时，会引起叶片变黄及掉叶，需常注意水分的补充，冬季每日浇水一次，夏季一日二次。生育适温约 20℃ ~ 30℃，冬季气温较低，生长停顿，并易落叶，可减少浇水量，并移到较避风处。

［施肥］

对于幼株，在春、夏生长旺盛季节不可多施肥，一般一月施一次肥即可。肥量也不能过大，要掌握清淡的原则。对于老株来说，最好少施肥或不施肥，只需在换盆时，利用换盆机会，在盆底填装新鲜土壤，或少量施肥。

栽种步骤 STEP BY STEP

① 将种子播入浅盆中，覆上一层薄土后浇水即可，发芽前保持土壤的湿润，30 天左右就可以发芽了。当长到 3 ~ 4 厘米的时候要进行移植上盆，之后放在阴凉通风处来照顾。

② 文竹浇水不宜过多，土壤见干再进行浇水，夏季早晚各浇水一次，叶面要经常喷水，除去灰尘，保持洁净。

③ 春、秋两季每隔 20 天进行一次追肥，用淘米水或豆浆浇灌也可以。

每隔 20 天进行追肥一次

④ 文竹生长得非常快，生长期内要及时修剪枯枝、老枝和横生的枝条，以保证株型的美观。

⑤ 文竹在每两年的春季进行换盆一次即可。

注意事项

文竹也会开花哦！

当文竹种植满 4 年的时候，在春、夏季节每月施肥 1 ~ 2 次，选择氮磷钾复合的薄肥，等到秋季时植株就会开出白色的小花。

火龙果

［仙人掌科］

火龙果为多年生的攀缘性多肉植物，茎可长达 10 米以上。

夏至秋季间，夜晚开花，白天闭合，花似芸花，具香味；花后可结浆果，硕大可食，果肉有白色、紫红色。花、茎、果都具有药用价值。

花草小档案

温度要求	温暖
湿度要求	耐旱
适合土壤	中性排水良好的砂质土壤
繁殖方式	扦插
栽培季节	春季、秋季
容器类型	大型
光照要求	喜阳
栽培周期	8 个月

栽培月历

月	1	2	3	4	5	6	7	8	9	10	11	12
种　植			●	—	●			●	—	●		
生　长			●	—	—	—	—	—	—	●		
收　获					●	—	—	—	—	●		

［浇水］

春夏季露地栽培时应多浇水，使其根系保持旺盛生长状态，在阴雨连绵天气应及时排水，以免感染病菌造成茎肉腐烂，火龙果随耐零度低湿和 40℃高湿，为保证其常年生长和多次结果，尽量达到其最佳适宜温度 20℃ ~ 30℃左右。

［施肥］

由于果实采收期长，每年都要重施有机肥，氮、磷、钾复合肥要均衡长期施用。开花结果期间要增补钾、镁肥，以促进果实糖分积累、提高品质；结果期保持土壤湿润，树盘用草或菇渣覆盖。

栽种步骤 STEP BY STEP

① 火龙果比较喜欢排水良好的土壤，将腐殖土、庭园土、砂土混合起来的培养土比较适合火龙果的生长。除了选择颗粒比较细的培养土，也可以用市售的培养土代替。

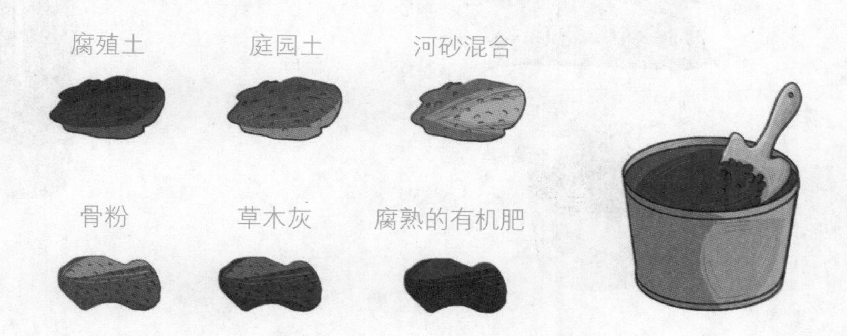

② 选取粗壮的火龙果茎，截成 15 厘米的小段，剪下后放在阴凉处晾 2 ~ 3 天，插入土中，30 天就可以生根了，等芽长到 3 ~ 4 厘米时就可以移植上盆。

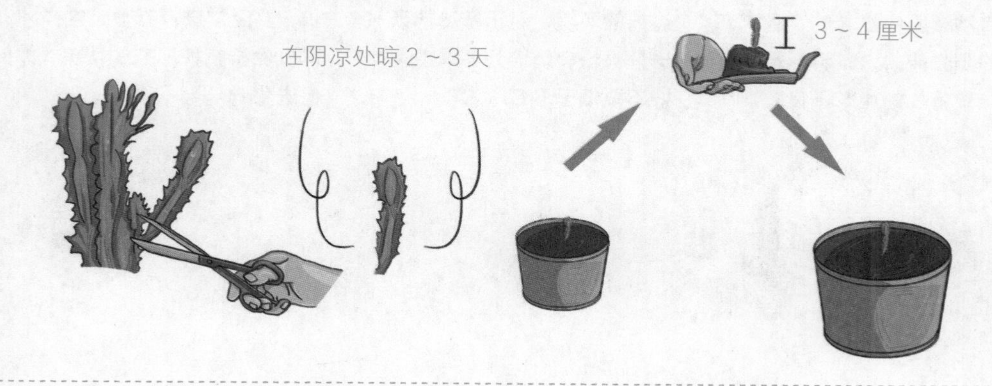

③ 火龙果比较耐旱，春、秋两季 10 天浇水一次即可，夏季浇水则要勤一些。

④ 生长期间须施加一次腐熟的稀薄液肥或复合肥，入秋后再施一次追肥。

生长期间须追肥一次

入秋后再肥追一次

⑤ 火龙果如果生长良好，定植后大约10～12个月可开花结果，此时株高大约1～2米。

定植后，大
10～12个月
可开花结果

注意事项

保证充足的阳光

火龙果原是在热带气候的自然环境中生长的，喜欢充足的阳光照射，光照不足会直接导致植株的生长不良。

非常怕冷的植物

火龙果喜欢温暖甚至是炎热的环境，对于寒冷的天气十分畏惧，栽培处冬季温度最好不要低于6℃～7℃。

喜欢依靠的植物

火龙果喜欢攀附他物生长，要经常进行修剪，这样才可以保持植株形态的优美，并促进生长。

美食妙用

火龙果奶昔

有预防便秘、美白皮肤

材料：火龙果1个、优酪乳100克、牛奶适量。

做法：火龙果去皮，切成小块，放入果汁机中，再倒入优酪乳打30秒。将牛奶倒入火龙果优酪乳中搅拌均匀即可。

金橘

［芸香科］

金橘的果实金黄夺目，具有浓郁的果香，虽然植株的挂果时间并不是很长，但是株型优美，花朵洁白，观赏价值极高。很多家庭都在阳台、庭院里种植金橘，以金橘制成的菜肴、饮品或蜜饯更是美味可口。

花草小档案

温度要求	温暖
湿度要求	湿润
适合土壤	微酸且排水良好的肥沃土壤
繁殖方式	嫁接
栽培季节	春季
容器类型	大型
光照要求	喜光
栽培周期	全年

栽培月历

月	1	2	3	4	5	6	7	8	9	10	11	12
种　植			●—	—	—●			●—	—	—●		
生　长			●—	—	—	—	—	—	—	—●		
收　获					●—	—	—	—	—	—●		

［浇水］

金桔喜湿润但忌积水，盆土过湿容易烂根。因此，生育期间保持盆土适度湿润为好。春季干燥多风。需每天向叶面上喷水一次，增加空气湿度。夏季每天喷水 2 ~ 3 次，并向地面喷水。但开花期避免喷水，以防烂花，影响结果。

［施肥］

金橘喜肥，盆栽时宜选用腐叶土 4 份、砂土 5 份、饼肥 1 份混合配制的培养土。换盆时，在盆底施入蹄片或腐熟的饼肥作基肥。从新芽萌发开始到开花前为止，可每 7 ~ 10 天施一次腐熟的稀浅酱渣水，相间浇几次矾肥水。

栽种步骤 STEP BY STEP

① 将金橘苗带土球上盆，浇透水后放置在半阴的环境中 10 天左右即可，然后再搬移到阳光充足的地方栽培。

② 生长期要保持土壤均匀湿润，干燥时可向叶面喷水，开花后期和结果初期都不可以浇水过多。

不同时期浇水量不同

③ 金橘喜肥，生长期须施加一次稀薄的液肥，花期前要追施 1 ~ 2 次的磷钾肥。

④ 春季生长较快，要及时剪枝，但使主枝多发芽梢。当新枝长到 20 厘米左右时要进行摘心，剪去顶梢的枝叶，以促使花枝分化，多发夏梢，使开花结果量提高。

⑤ 在花蕾孕育期间要及时除去花芽，每个分枝只要保留3～8个花蕾即可，摘除其他花蕾以保持肥力。

注意事项

适时剪枝

剪枝对金橘很重要，早春和夏季时及时剪去病枝、弱枝以及过长、过密的枝条，可以让金橘免受病虫害的侵扰，并保证株型的美观。

为什么要疏果？

如果金橘长了过多的果实，我们可以根据植株的实际情况进行疏果，将生长势一般的果实剪去，以保证生长势好的果实继续生长。剪下的果实也是可以食用的，不要扔掉。

金橘喜肥

金橘喜欢在肥料充足的环境中生长，在种植之前首先要选择保水性和保肥力都比较好的土壤，土层较深厚的黑砂土是不错的选择，它更能促进金橘根系的发育，只要在种植期间注意浇水施肥即可。

美食妙用

糖渍金橘

减缓血管硬化

材料：新鲜金橘500克、白糖、冰糖各20克。

做法：金橘洗净沥干，在金橘果面上用刀均匀划上5～6刀，然后捏扁，用牙签将橘核挑除。在金橘上撒上白糖，放进冰箱冷藏腌渍两天。将金橘取出，倒入锅中，加入适量水，再加入冰糖。开小火煮至金橘变软、汤汁黏稠即可。

石榴

［仙人掌科］

石榴是我们经常吃的一种水果，果肉甜美多汁，含有丰富的维生素 C，营养价值是苹果、梨子等常吃水果的 1 ~ 2 倍。石榴不仅具有食用价值，还是一种非常可爱、美丽的观花、观果植物，而且还具有杀虫、止泻的功效。

花草小档案

温度要求	温暖
湿度要求	湿润
适合土壤	酸性排水良好的肥沃土壤
繁殖方式	扦插、分株、压条
栽培季节	春季
容器类型	大型
光照要求	喜光
栽培周期	7 个月

栽培月历

月	1	2	3	4	5	6	7	8	9	10	11	12
种　植			●	—	●			●	—	●		
生　长			●	—	—	—	—	—	—	●		
收　获					●	—	—	—	—	●		

［浇水］

浇水应掌握“干透浇透”的原则，使盆土保持“见干见湿、宁干不湿”。

在开花结果期，不能浇水过多，盆土不能过湿，否则枝条徒长，导致落花、落果、裂果现象的发生。雨季要及时排水。

［施肥］

石榴均应施足基肥，然后入冬前再施 1 次腐熟的有机肥，然后每年入冬前再施 1 次腐熟的有机肥，对幼树应在距树 1 米处环状沟施。盆栽石榴应按“薄肥勤施”的原则，生长旺盛期每周施 1 次稀肥水长，期追施磷钾肥，保花保果。

栽种步骤 STEP BY STEP

① 盆栽时，可选用腐叶土、庭园土与河砂混合的培养土，并加入适量的腐熟有机肥。栽植时要带土团，地上部分须适当的修剪，种植后浇透水，放阴凉处照顾，待发芽成活后移至通风、阳光充足的地方。

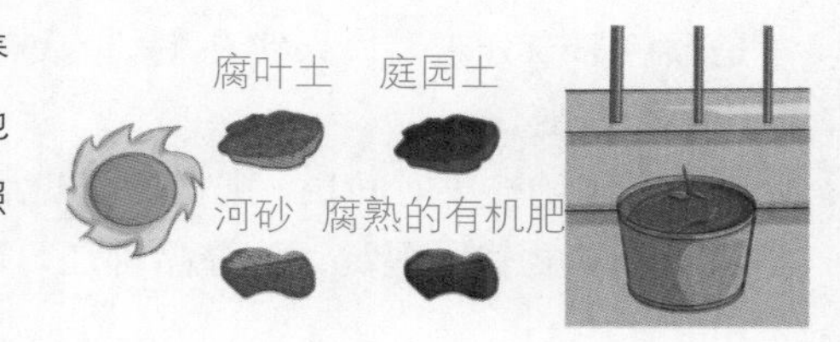

② 生长期要求全日照，而且光照愈充足，花愈多愈鲜艳。背风、向阳、干燥的环境有利于花芽形成和开花。光照不足时，只会长叶不开花，影响观赏效果。

③ 石榴耐旱，喜干燥的环境，浇水应掌握“干透浇透”的原则，使盆土保持“见干见湿、宁干不湿”。在开花结果期，不能浇水过多，盆土不能过湿，否则枝条徒长，会导致落花、落果、裂果现象的发生。

④ 盆栽石榴应按“薄肥勤施”的原则，生长旺盛期每周施加一次稀的液肥。长期追施磷钾肥可保花保果。

⑤ 由于石榴枝条细密杂乱，因此须透过修剪来达到株形美观的效果。夏季及时摘心，疏花疏果，达到通风透光、株形优美、花繁叶茂、结果累累的效果。石榴结果是很频繁的，当果皮由绿变黄的时候果实就成熟了。

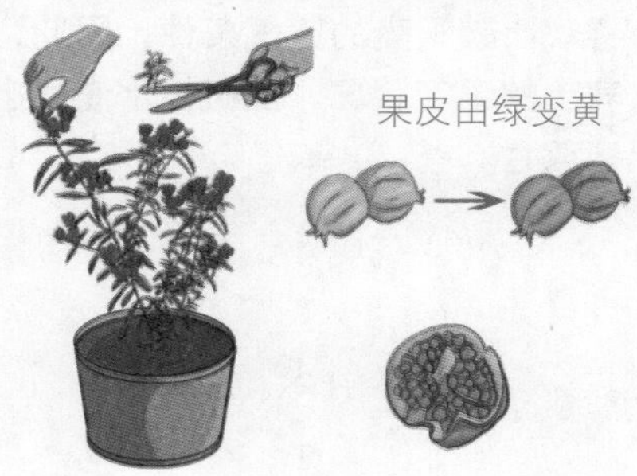

观赏辣椒

［茄科］

观赏辣椒的品种很多，无论是果实形状还是颜色都十分丰富，果实在生长的过程中也有很多变化。

观赏辣椒的挂果时间长，观赏价值非常高，除了可以盆栽供观赏，部分品种还可以食用。

花草小档案

温度要求	温暖
湿度要求	湿润
适合土壤	中性排水良好的砂质土壤
繁殖方式	播种
栽培季节	春季、秋季
容器类型	中型
光照要求	喜光
栽培周期	8 个月

栽培月历

月	1	2	3	4	5	6	7	8	9	10	11	12
种 植												
生 长												
收 获												

［浇水］

辣椒对条件水分要求严格，它既不耐旱也不耐涝。

喜欢比较干爽的空气条件，因此，要注意培养土的湿度状况，辣椒被水淹数小时就会焉萎死亡。

［施肥］

辣椒需肥规律和土壤肥力的高低，温室辣椒施肥在于重施基肥巧施追肥，一般情况下，有机肥、微肥、80% 的磷肥、50% 的钾肥和 30% 的氮肥混匀后做基肥，其余 70% 的氮肥、20% 的磷肥和 50% 的钾肥分别做追肥使用。对于部分微量元素如硼砂可叶面喷施。

栽种步骤 STEP BY STEP

① 种子先用 50℃的水浸种 15 分钟，再放入清水中浸泡 3 ~ 4 小时，捞出时用湿布包好，放在 25℃ ~ 30℃的环境中催芽，种子露白就可以播种了。

用 50℃的温水浸种 15 分钟，再放入清水中浸泡 3 ~ 4 小时。

放在 25℃ ~ 30℃的环境中催芽

② 播种后覆盖一层薄土，15 天左右就可以发芽。

15 天左右的时间就可以发芽了。

③ 当植株长出 6 ~ 8 片叶子的时候，要进行移植上盆，放在半阴处照顾 7 ~ 10 天。

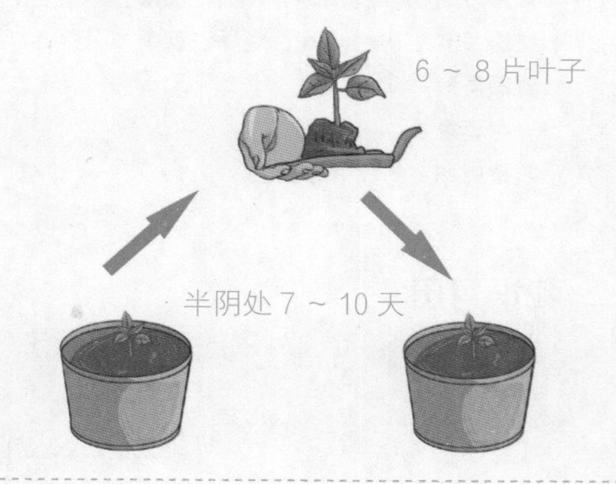

④ 生长期间要保持土壤均匀湿润，但是也不可以积水，春、秋两季每 3 天浇水一次，夏季每天浇水一次，结果初期要少浇水。

⑤ 生长期施一次稀薄的复合液肥，结果初期要增加磷钾肥的用量，夏季高温的情况下要停止追肥。

百香果

[西番莲科]

原本是热带植物的百香果，因为阳台有很好的保温性，因此在阳台上也是可以种植的。成熟的百香果呈紫红色，色彩鲜艳夺目，果香浓郁芬芳。百香果的枝叶茂密，也是一种遮荫性很强的植物。

花草小档案

温度要求	温暖
湿度要求	湿润
适合土壤	中性排水良好的肥沃土壤
繁殖方式	播种、扦插、压条
栽培季节	春季、夏季、秋季
容器类型	大型
光照要求	喜光
栽培周期	8个月

栽培月历

月	1	2	3	4	5	6	7	8	9	10	11	12
种植			●	—	—	—	—	—	—	●		
生长			●	—	—	—	—	—	—	●		
收获						●	—	●				

[浇水]

百香果的耐旱性良好，但是冬季干燥地区仍需要进行灌溉，避免幼苗生长缓慢。过于干燥的土壤会使枝蔓与果实生长变慢，严重缺水时枝条枯萎、果实停止发育。栽植百香果，应该要做高畦，并在畦间及果园四周挖掘排水沟以利排水，以避免萎凋病的发生。

[施肥]

种植前施用有机质肥料，在生长的过程中再追加化学肥料，配合植株生长发育情形分 3 次施用。第一次于 2 月下旬至 3 月上旬，新芽生长开始前；第二次于 5 月，果实发育期；第三次于 8 月果实采收后，每次施用 1 千克。

栽种步骤 STEP BY STEP

① 百香果以扦插为主要的繁殖方式，选取健壮、成熟的枝条，留有2～3个节和1～2片叶子，将枝条插入培养土中，生根后再进行移植上盆。

② 生长期间要保持土壤湿润，春、秋两季每2～3天需要浇水一次，夏季每1～2天浇水一次，冬季低温的时候要控制浇水量。

③ 生长期每10天左右要施一次稀薄的复合液肥，结果初期，要适量增加磷肥的用量，冬季则要停止追肥。

④ 百香果是攀缘性植物，要搭设棚架，牵引藤蔓生长。

搭设棚架

⑤ 春季种植的植株，到了5月就可以开花了，长日照的环境更加有利于开花结果。

当年的5月便可开花结果

玉珊瑚

[茄科]

玉珊瑚有着小巧的果实，果色在不同的季节会有不同的变化，挂果的时间非常长，因而色彩斑斓绚丽，是一种非常可爱的观果植物。玉珊瑚的根可以入药，但是全株和果实都是有毒的，不可以误食。

花草小档案

温度要求	温暖
湿度要求	湿润
适合土壤	中性排水良好的肥沃土壤
繁殖方式	播种、扦插
栽培季节	春季、夏季、秋季
容器类型	中型
光照要求	喜光
栽培周期	全年

栽培月历

月	1	2	3	4	5	6	7	8	9	10	11	12
种　植												
生　长												
收　获												

[浇水]

玉珊瑚比较耐干旱，但忌积水，否则易导致植株烂根、落叶或掉花。生长期浇水要适量，以盆土不干为宜。开花期要严格控制浇水量，忌盆土干湿无常。等到花大量开放，枝头挂果时，可增加浇水量，以促进果实的成长发育。

[施肥]

生长期每两周施一次稀释液肥。开花前施用含磷肥的追肥。植株进入孕蕾期，施用加入0.2%的磷酸二氢钾的有机肥液，可促成其孕蕾开花的数目。开花期间暂停施肥，当其果实长至绿豆大小时，可恢复施肥。

栽种步骤 STEP BY STEP

① 在培养土中播种后，覆一层薄土，发芽前都要保持土壤均匀湿润，大约需要 10 天的时间就可以发芽了。

② 当幼苗长到 5 ~ 7 厘米时可以进行移植上盆。

③ 玉珊瑚不喜欢积水或过于潮湿的环境，生长期间保持土壤湿润即可，开花期则要减少浇水。

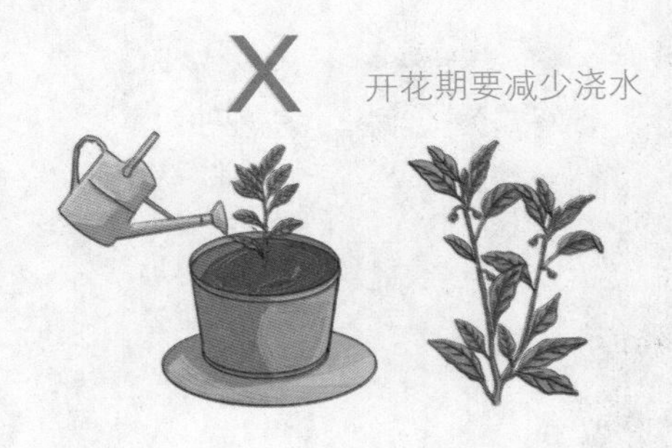

④ 生长期间要施一次稀薄的复合液肥，开花前再施加一些磷钾肥。

⑤ 玉珊瑚播种半年后就可以开花结果了。保证充足的光照和适宜温度，并追施磷、钾液肥，即可延长挂果时间。

注意事项

果实不红是怎么回事?

玉珊瑚挂果的时间比较长，果实如果长时间都不变红，就要减少浇水量，保持土壤干燥，这样可以有效的促进果实成熟。

种香草，打造室内的一缕芬芳

种植香草是近年来兴起的新鲜事，一些香草在原先我们看来就是路边丛生的一些杂草，但是这看起来不起眼的香草往往都有很大的功效，而且功能多样到让你惊叹。

种植香草可以说是为你的生活找到了一个得力的助手，它可以解决很多你烦恼已久的事情，可以净化空气、治疗疾病、美容养颜、制作美食，那阵阵的芳香更是让人着迷。

薄荷

［唇形科］

薄荷是多年生草本植物，根茎横生地下，生命力强韧。叶对生，花色白或淡紫，花后结暗紫棕色的小粒果。

薄荷有着非常清新的气味，能够促进血液循环，舒缓紧张的情绪；薄荷还具有消炎止痛的功效，是一种比较常见的香草。

花草小档案

温度要求	温暖
湿度要求	湿润
适合土壤	中性排水良好的砂质土壤
繁殖方式	播种
栽培季节	春季、夏季
容器类型	中型
光照要求	喜光
栽培周期	8 个月

栽培月历

月	1	2	3	4	5	6	7	8	9	10	11	12
种　植			●	—	—	—	●					
生　长			●	—	—	—	—	—	●			
收　获								●	—	●		

［浇水］

薄荷浇水要选择用喷壶喷水的方式，以免种子被水流冲走。

水分对薄荷的生长发育有很大影响，植株在生长初期和中期需要大量的水分，按时按量地给薄荷浇水可以使薄荷生长得更好。

［施肥］

种植后生育期，适时除草与施肥，肥料以有机肥料为主，配合氮肥的施用，亦即幼苗期及收获后新芽生育初期施用氮肥，以促进快速生长；并应适时酌予灌溉或降雨时之排水管理。

栽种步骤 STEP BY STEP

① 薄荷的种子细小，发芽率比较低，因此，在播种前需要松土。在容器上覆盖一层保鲜膜，并在上面扎出几个小孔使其透气，并将其置于光照充足的地方。

② 种子发芽后要揭去保鲜膜。如果幼苗拥挤，要进行适当的间苗。每 2 ~ 3 天浇水一次，浇水要浇透，而且不可直接浇到叶子上，以免发生病害。

③ 过期的牛奶、优酪乳饮料和淘米水对于薄荷来说是非常好的肥料，可每隔 15 ~ 20 天施一次稀薄的有机肥。

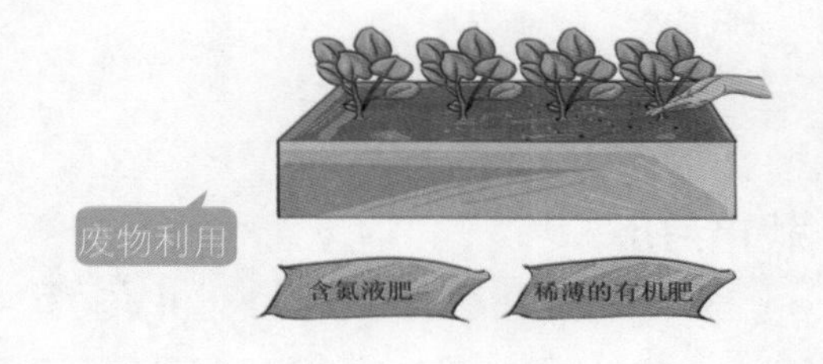

④ 当植株的高度超过 25 厘米的时候，需要进行摘心，摘掉植株最顶端的芽，以促进侧枝的生长。摘下的茎叶是可以食用的，可以用来泡茶或做成美食。

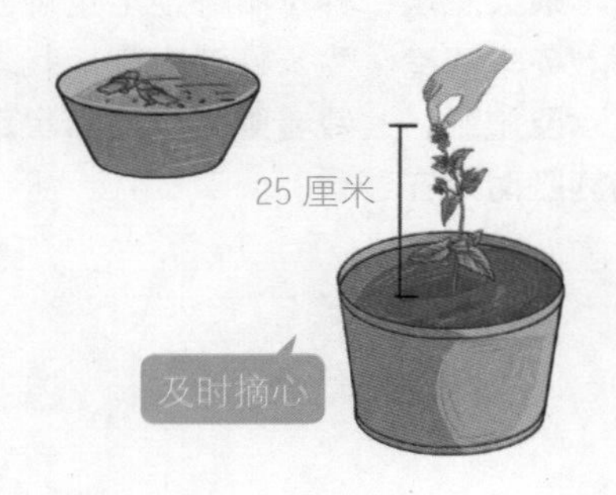

⑤ 当植株长到 20 ~ 30 厘米时，可以采收长度为 10 厘米的嫩芽泡茶或做其他料理用。

迷迭香

［唇形科］

迷迭香为常见的常绿灌木，株高可达 2 米。它的叶子带有茶香，味辛辣、微苦。迷迭香具有提神醒脑的功效，它散发出的气味有点像樟脑丸的味道，可提高人的记忆力，还抗氧化等美容功效。

花草小档案

温度要求	耐寒
湿度要求	耐旱
适合土壤	微酸性排水良好的肥沃土壤
繁殖方式	播种、扦插
栽培季节	春季、夏季
容器类型	中型
光照要求	喜光
栽培周期	8 个月

栽培月历

月	1	2	3	4	5	6	7	8	9	10	11	12
种　植			●	●	●	●	●					
生　长			●	●	●	●	●	●	●			
收　获								●	●	●		

［浇水］

迷迭香比较耐旱，但若浇水过少，叶片会因缺水导致变薄变细，花的香味也不再浓郁。平时要避免盆中土壤积水，否则会使根群腐烂、叶片失色直至脱落，严重时甚至会造成植株死亡。

［施肥］

迷迭香比较耐贫瘠，不用经常施肥。土壤不须太肥沃，种于石砾地上也可以生长良好。冬季寒冷，生长停滞，露地栽培者不要浇水及施肥，盆栽者则减少浇水次数。最好的施肥时期在春季。

栽种步骤 STEP BY STEP

① 迷迭香大都采用扦插繁殖。从母株上剪取7 ~ 10厘米尚未木质化的健康枝条，摘去下部的叶子，插入水中浸泡一段时间。

② 土壤可以选择混合性的培养土，将插穗插入土壤中，扦插后浇透水。生根前土壤要保持湿润，温度也要控制在15℃ ~ 25℃的范围内。

泥炭土　珍珠石

粗河砂

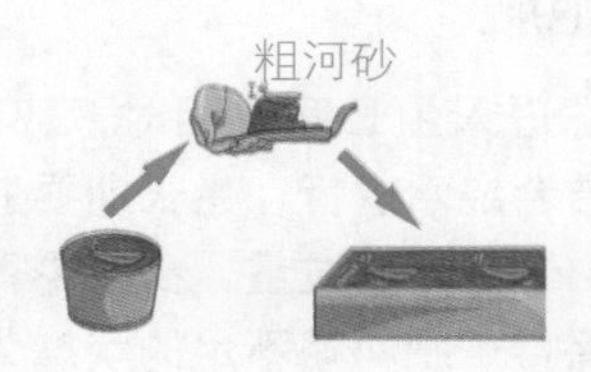

③ 3周后，插穗就可以生根了，将生根后的植株移植到花盆中，移植时注意不要伤及根部。

④ 在植株生长的过程中，初夏和初秋季节可每月追施一次有机复合肥。

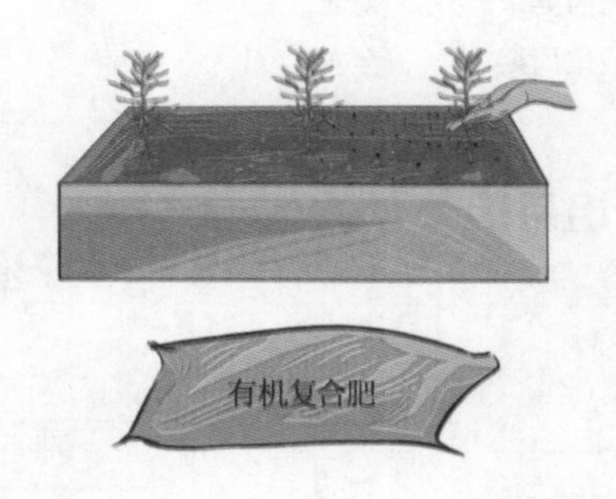

⑤ 当植株长到20 ~ 30厘米时，可以采收长度为10厘米的嫩芽泡茶或做其他料理用。

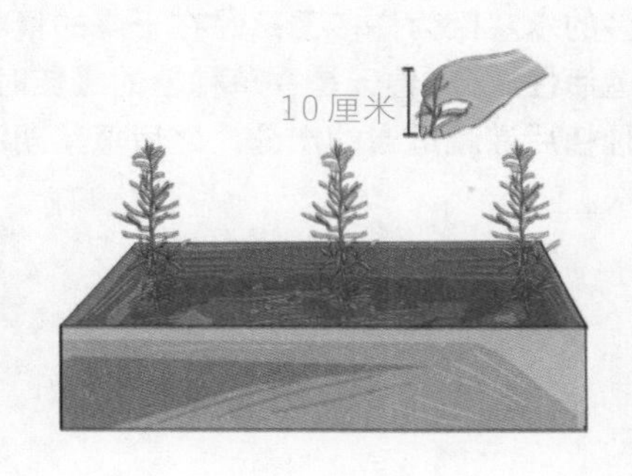

香菜

［牻牛儿苗科］

香菜是我们经常吃的一种蔬菜，它也是一种香草。香菜中含有丰富的维生素 A、维生素 C、胡萝卜素，以及钙、钾、磷、镁等矿物质，能够提高人体的抵抗力。其独特的香味还能促进人体肠胃的蠕动、刺激汗腺分泌，并加速新陈代谢。

花草小档案

温度要求	阴凉
湿度要求	湿润
适合土壤	微酸性排水良好的砂质土壤
繁殖方式	播种
栽培季节	秋季
容器类型	中型
光照要求	喜光
栽培周期	全年

栽培月历

月	1	2	3	4	5	6	7	8	9	10	11	12
种　植												
生　长												
收　获												

［浇水］

香菜栽培时保持土壤湿润即可，不要浇太多的水。因为许多香草是在干燥的情况下制造活性成分。春天是香草种植的最佳时机；在种植后灌溉适当的水分，之后每星期浇水一次。

［施肥］

当植株进入生长旺盛期时，应勤浇水，施肥也要结合浇水进行，生长期要追施氮肥 1 ~ 2 次。避免施肥过量，会减少香气或罗患疾病，保持于肥料略不足的状态为宜。视土壤肥力情形及香草类别而调整施用量。

栽种步骤 STEP BY STEP

① 种植香菜之前，要将土壤翻松弄碎，然后施足有机基肥，让肥料与泥土充分混合后，浇透水。

② 香菜的果实内有 2 粒种子，为了提高发芽率，播种前我们需要将果实搓开。将种子均匀地撒播在培养土上，覆土约 1 厘米厚，浇透水即可。

③ 当植株长出 3 ~ 4 片叶子时要进行间苗，将病弱的小苗拔去，保留茁壮的苗。

④ 香菜是长日照植物，在结果的时候土壤千万不能干，否则会直接影响果实的质量。要随时保持土壤湿润，让种子生长得更加饱满。

⑤ 当植株长到 15 ~ 20 厘米高时，就可以采摘了，可以分批进行。每采摘一次，就要追肥一次，以促进植株的生长。

天竺葵

[牻牛儿苗科]

天竺葵是一种多年生草本花卉，原产南非。花色有红、白、粉、紫等多种。

天竺葵是一种比较有效的美容香草，具有深层净化、收敛毛孔的作用，还可以平衡皮肤的油脂分泌，达到亮泽肌肤的作用。

花草小档案

温度要求	阴凉
湿度要求	湿润
适合土壤	中性排水良好的肥沃土壤
繁殖方式	扦插
栽培季节	春季、夏季
容器类型	中型
光照要求	喜光
栽培周期	全年

栽培月历

月	1	2	3	4	5	6	7	8	9	10	11	12
种　植			●	—	—	—	—	—	—	●		
生　长			●	—	—	—	—	●			●	●
收　获			●	—	●				●	—	—	●

[浇水]

天竺葵稍耐旱、怕积水，所以平时浇水要适量。6 ~ 7 月植株停止生长，叶片老化，呈半休眠状态，此时要按时浇水，一般 5 ~ 7 天一次。冬季浇水以“不干不浇、浇则浇透”为原则，盆中的土壤不宜长期过湿。

[施肥]

天竺葵不喜大肥，施肥过多，天竺葵则生长过旺，不利于开花。一般来说，每 7 ~ 15 天浇一次稀簿肥水即可。

花期前也可以透过浇磷酸二氢钾 800 倍液来促进正常开花。

栽种步骤 STEP BY STEP

① 若采用种子播种繁殖，宜先在育苗盆中育苗，种子发芽后使幼苗立即接受光照，以防徒长。

② 天竺葵在春、秋两季扦插很容易成活。剪取 7 ~ 8 厘米的健壮枝条，将下部的叶片摘除，插入细砂土中，将盆栽置于阴凉的地方，保持土壤的湿润。

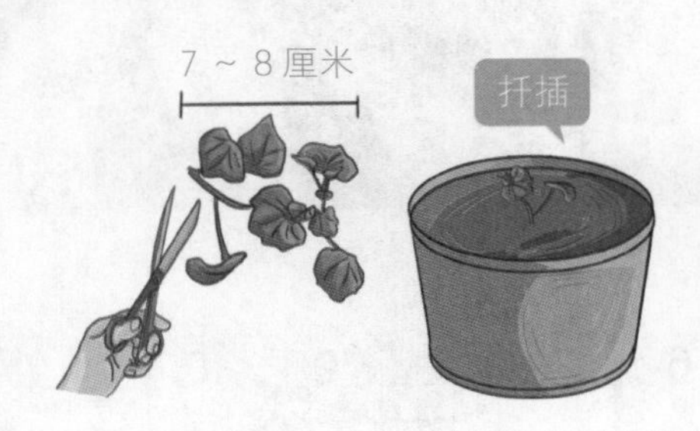

③ 在温度、水分都很合适的前提下，扦插后约 20 天的时间就可以生根了。当新芽长到 3 ~ 4 厘米的时候就可以移植上盆了。

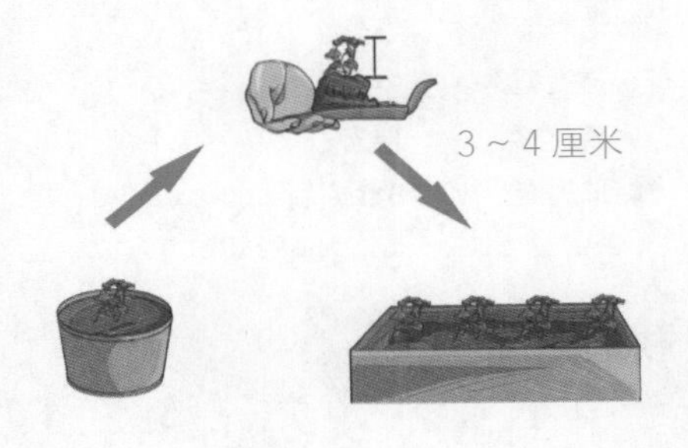

④ 当植株长到 10 ~ 15 厘米高的时候，要进行摘心，以促使新的枝条长出。

⑤ 生长期需要每半个月施加一次稀薄的液肥，氮肥量不要施得过多，否则会造成枝叶徒长或过于茂密。侧芽长出后，要追施一次稀薄的磷肥。

琉璃苣

［紫草科］

琉璃苣中含有的挥发油成分，能有效地调节女性生理周期所带来的不适，缓解更年期内分泌失调等症状，延缓衰老，是美容养颜的绝佳圣品。琉璃苣花朵如星星状，灿烂可爱，观赏价值非常高。

花草小档案

温度要求	阴凉
湿度要求	耐旱
适合土壤	微酸性排水良好的肥沃土壤
繁殖方式	播种
栽培季节	春季
容器类型	中型
光照要求	喜光
栽培周期	8 个月

栽培月历

月	1	2	3	4	5	6	7	8	9	10	11	12
种　植								●	●			
生　长	●	●	●	●	●	●	●	●	●	●	●	●
收　获			●	●	●	●	●	●				

［浇水］

种子为小坚果，种皮较硬，播种前宜用温水浸泡 1 ~ 2 天，每天换水，经浸泡后播种出苗快且整齐，并避免长期高温多湿。

叶片生长期保持田间湿润，开花候减少浇水。

［施肥］

在幼苗生长期间，每月施尿素或复合肥 1 ~ 2 次。初期施用量少，用 10~15 克尿素对水 5 千克浇施。随着苗木生长逐渐加大施肥量。至 8 月底停止使用氮肥，可施磷钾肥，以促进苗木木质化，增强苗木的抗性。

栽种步骤 STEP BY STEP

① 琉璃苣种子的皮通常较硬，播种前需要在 40℃的水中浸泡 1 ~ 2 天。

② 在土壤中挖出小植穴，每个植穴放 3 ~ 4 粒种子，覆上约 0.5 厘米厚的土，用浸盆法让土壤充分吸收水分。

③ 将容器置于干燥阴凉的环境中，以保持土壤的湿润。当幼苗长出 2 ~ 3 对叶子的时候，间去生长势较弱的小苗，每个植穴留下 1 ~ 2 株即可。

④ 生长出 3 ~ 5 对叶子时，就可以进行移植了，移植时注意不要伤及植株的根系。土壤以砂质壤土为佳，在晴朗的天气中进行。

⑤ 为了增加植株的开花数量，可以促进分枝的生长，当植株长到约 20 厘米高时要进行一次摘心。

香蜂草

［唇形科］

香蜂草为多年生草本植物株高30 ~50厘米，分枝性强，易形成丛生，花白色或淡黄色，夏季开花。香蜂草会散发出一种柠檬般的香甜气味，具有促进食欲的功能，是代替柠檬的最佳植物，所以又称为“柠檬香蜂草”。

花草小档案

温度要求	耐寒
湿度要求	湿润
适合土壤	中性排水良好的砂质土壤
繁殖方式	播种
栽培季节	春季、夏季
容器类型	中型
光照要求	喜光
栽培周期	8 个月

栽培月历

月	1	2	3	4	5	6	7	8	9	10	11	12
种　植			●—	—	—	—	—	—●				
生　长			●—	—	—	—	—	—	—	—●		
收　获			●—	—	—●							

［浇水］

浇水时，水量以浇透花盆为主。

柠檬香蜂草是很需要水分的香草植物，不过也必须注意土壤的排水性，盆栽种植可以将培养土与一些砂质土壤混合种植，增加排水效果。

［施肥］

定期施肥，以避免缺肥，浅盆要在春至秋之间施予液态肥，以防叶子变硬。

栽种步骤 STEP BY STEP

① 播种前用 40℃～50℃的温水浸泡种子 1～2 天，每天换一次水，这样可以有效提高发芽率。发芽后需要进行间苗；当苗长出 4～6 片叶子的时候，就可以进行移植定植了。

② 为了避免枝叶过于茂密，要及时进行修剪。夏季要遮阴栽培，避免强烈阳光曝晒，并补充足够的水分。

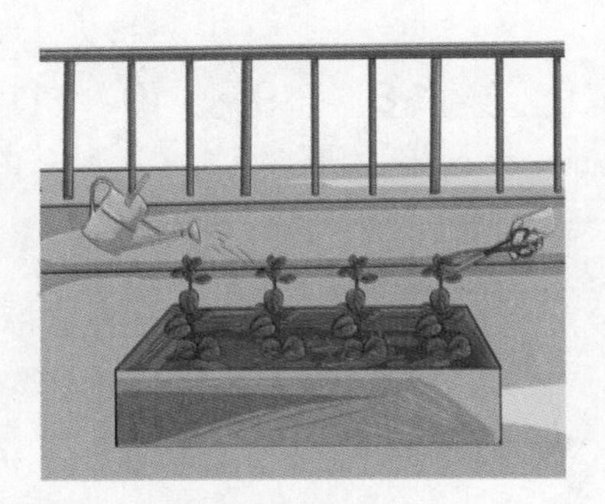

③ 采摘应该选在开花前进行，这样可以完整地将香味保留在香蜂草的叶子里。

④ 香蜂草也可以用扦插的方式进行繁殖。剪取 10 厘米左右的健康枝条，摘掉下面 2～4 片叶子插入水中，大约 10 天左右就可以生根了。

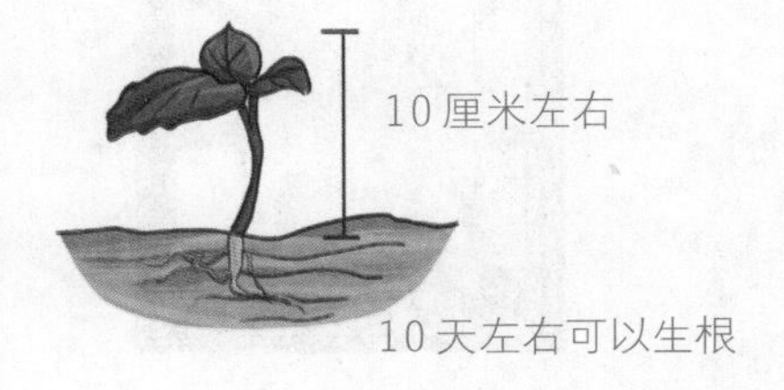

注意事项

及时减穗，延长寿命

香蜂草开花植株后会停止生长，因此当夏季花穗出现时要及时将其摘除，可延长植株的寿命。

控制生长过旺

香蜂草的生命力非常旺盛，可以一边摘心一边栽培，一个生长周期大约需要摘心 2～3 次，这样可使营养吸收得更加集中，使植株生长得更好。

欧芹

［十字花科］

欧芹是一种营养非常丰富的植物，除了含维生素 A、维生素 C，还含有钙、铁、钠等微量元素，可以有效提高人体的免疫力，防止动脉硬化，保护肝脏。

花草小档案

温度要求	阴凉
湿度要求	湿润
适合土壤	中性排水良好的肥沃土壤
繁殖方式	播种
栽培季节	春季、夏季
容器类型	中型
光照要求	喜光
栽培周期	8 个月

栽培月历

月	1	2	3	4	5	6	7	8	9	10	11	12
种　植			●—	—	—	—	—	—●				
生　长			●—	—	—	—	—	—	—	—●		
收　获						●—	—	—●				

［浇水］

在整个生长期间要注意浇水，保持土壤有较多水分，但不能积水，生长温度 15℃ ~ 20℃，长期低于 -2℃则有冻害。

［施肥］

浇施尿素或叶面喷施磷酸二氢钾，采收后继续施肥，促进生长。

栽种步骤 STEP BY STEP

① 欧芹可以用种子直接进行培植。播种前需要浸种 12 ~ 14 小时，再置于 20℃左右的环境中催芽，当种子露白时就可以进行播种了。

② 土壤浇透水后，将种子均匀地撒播在土中，覆土 0.5 ~ 1 厘米厚，再适量喷水即可。覆上一层保鲜膜更有利于种子的发芽。

③ 当幼苗长出 5 ~ 6 片叶子时就可以进行移植了，要浇透水，并保持土壤湿润。

④ 生长期每隔 15 ~ 20 天就要浇水、追肥一次，以有机复合肥为主。

⑤ 欧芹可分期进行采收，采收时动作要轻，不要伤及嫩叶和新芽，采收 1 ~ 2 次就要进行追肥一次。

西洋菜

[十字花科]

西洋菜含有丰富的维生素A、维生素C、胡萝卜素、氨基酸以及钙、磷、铁等矿物质，具有润肺止咳、通经利尿的功效。西洋菜的口感爽脆，非常适合做成沙拉食用。

花草小档案

温度要求	凉爽
湿度要求	湿润
适合土壤	中性保水性好的黏质土壤
繁殖方式	播种
栽培季节	春季、夏季
容器类型	中型
光照要求	喜光
栽培周期	3个月

栽培月历

月	1	2	3	4	5	6	7	8	9	10	11	12
种植			●	━	━	━	━	●				
生长			●	━	━	━	━	●				
收获			●	━	━	━	━	●				

[浇水]

原则上每天早晨浇水一次，如果阴雨天，两天浇水一次，时间需固定，西洋菜会长得更好。

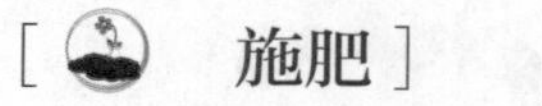

[施肥]

植物在生长期一般不需要进行追肥，如果生长缓慢，而且叶子的中下部出现暗红色，这就是植株缺肥的信号，这时我们只要追加一些氮肥即可。

栽种步骤 STEP BY STEP

① 将西洋菜的种子浸泡在25℃的水中，直到种子露白，然后再播撒在培养土中。

② 种子发芽前，每天要浇水1～2次，当幼苗长到10～15厘米时开始移植。

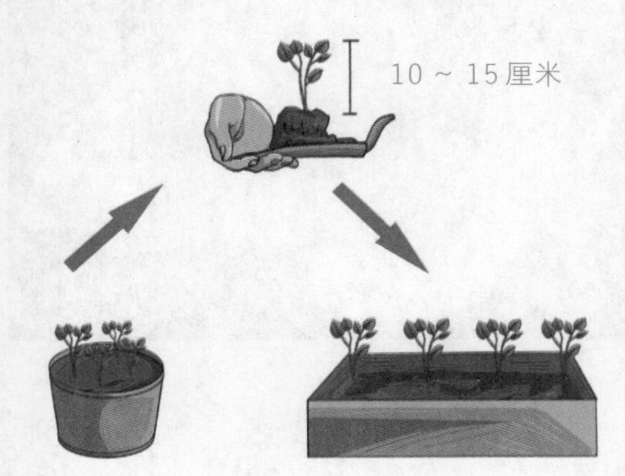

③ 西洋菜喜欢湿润的生长环境，要经常浇水以保持土壤湿润，春秋季节每天都要浇一次水；夏季高温的情况下，早、晚都要进行浇水。

④ 西洋菜生长得非常迅速，当植株长到20～25厘米高时就可以采收了。

⑤ 西洋菜也可以采用扦插的方式进行繁殖，剪取一段长12～15厘米的粗壮枝条扦插，将其插到培养土中，正常照顾即可。

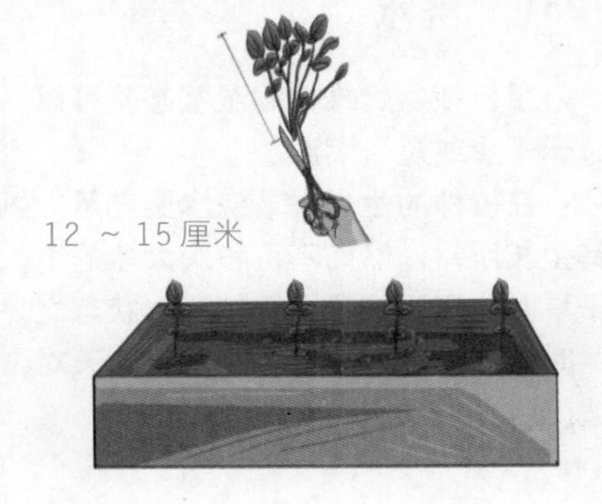

月见草

[柳叶菜科]

“月见草”是一种只在傍晚才会开花的植物，夜色之下散发着阵阵幽香。月见草的种子中含有亚麻酸，这种元素人体自身无法合成，对调节女性的内分泌、改善更年期症状、有很好的效果。

花草小档案

温度要求	温暖
湿度要求	耐旱
适合土壤	中性排水良好的肥沃土壤
繁殖方式	播种
栽培季节	春季、夏季
容器类型	中型
光照要求	喜光
栽培周期	6 个月

栽培月历

月	1	2	3	4	5	6	7	8	9	10	11	12
种　植			—	—	—	—	—	—				
生　长			—	—	—	—	—	—				
收　获			—	—	—							

[浇水]

平日使盆土维持潮湿状态就可以，不能过于干燥或过于潮湿。

在植株的生长季节浇水要充足，以满足其生长所需，然而不可积聚太多的水。夏天干旱时除了要使盆土维持潮湿状态之外，还要时常朝叶片表面喷洒清水；冬天对植株要适度减少浇水量和次数。

[施肥]

月见草同其他植物一样，需要从土壤中吸收氮、磷、钾等营养元素供自身生长发育的需要。生长期间应及时进行分次追肥，须追施 2 ~ 3 次复合肥，也就是在苗期追施尿素和过磷酸钙。可对植株追施太多的氮肥，否则容易导致叶片生长过旺且不抽生茎叶。

栽种步骤 STEP BY STEP

① 春季播种时要先将种子置于20℃左右的水中浸泡，以提高发芽率，并缩短发芽时间。

播种前，置于20℃左右的水中浸泡。

② 月见草种子比较细小，将种子均匀的撒播在土中，覆土约0.5厘米厚，轻轻压实。

③ 发芽前要保持土壤湿润，为了防止苗期生长缓慢，要及时除草。当幼苗长出3～4片真叶的时候，要除去弱苗和过密的苗。

除去病弱苗

④ 当植株长到10厘米的时候要进行移植。栽培的土壤中要掺入适量腐熟的有机肥。植株在上盆后要浇透水，并将植株置于阴凉的环境中照顾一周左右的时间，然后可追施一次有机氮肥，以促进植株的生长。花蕾出现时，再追加一次磷钾肥就可以了。

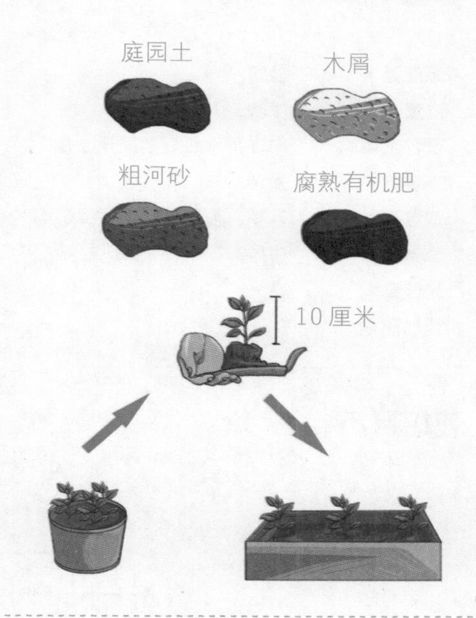

⑤ 月见草的花期一般是在6～9月，为使植株多开花，须适时摘心，以促使植株萌生分枝。

甜菊

[菊科]

甜菊是一种宿根性草本植物，株高 30 ~ 50 厘米，叶对生或茎上部互生，边缘有锯齿。甜菊是一种带有甜甜气味的香草，这是因为甜菊的叶子中含有一种叫作甜菊糖的甜味物质。

花草小档案

温度要求	温暖
湿度要求	湿润
适合土壤	中性排水良好的肥沃土壤
繁殖方式	播种
栽培季节	春季、夏季
容器类型	中型
光照要求	喜光
栽培周期	8 个月

栽培月历

月	1	2	3	4	5	6	7	8	9	10	11	12
种　植			●	—	—	—	—	●				
生　长			●	—	—	—	—	—	—	●		
收　获			●	—	●							

[浇水]

甜菊喜欢在湿润之土壤生长，故须经常灌水，以保持土壤湿润。但须注意适时排水，以免因长期积水导致根部腐烂。

[施肥]

长季时多施肥；生长停滞期不要施肥；草本植物在每次修剪后就要施肥。

若发现植物下层老叶开始变黄，就表示其缺少主要元素，要马上供给氮、磷、钾三要素；如果发现植物顶芽颜色开始变淡甚至白化，就表示缺乏微量元素。

栽种步骤 STEP BY STEP

① 甜菊的种子外部有一层短毛，播种前要将短毛摩擦掉，再用温水浸泡 3 个小时，捞出后就可以播种了。

晾干

温水浸泡 3 ～ 4 小时

② 播种前要进行松土，将种子混合少量细土并均匀地播撒在土壤中，不需要再次覆土，用喷壶喷水即可。

③ 甜菊的幼苗不耐干旱，浇水最好使用喷雾器喷水。当幼苗长出 2 ～ 3 对叶子的时候，可以进行第一次追肥，移植前 7 ～ 15 天要停止追肥。

④ 当植株长出 5 ～ 7 对叶子的时候就可以进行移植了。移植前施足基肥，选择在早晚或阴天的时候进行，并浇足水。

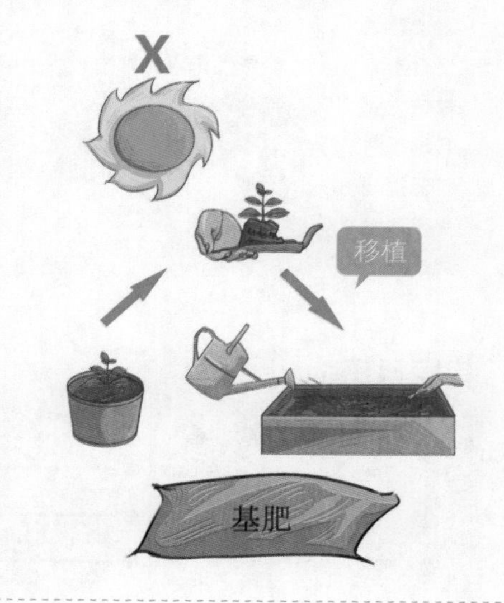

⑤ 移植后追肥可以和浇水同时进行，以促进植株生长。

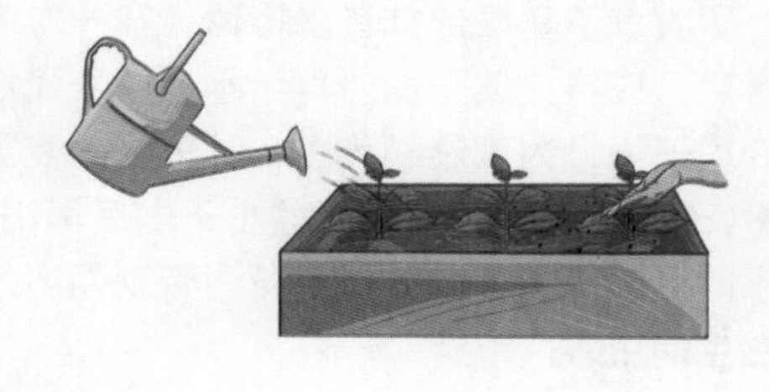

薰衣草

［唇形科］

大片盛开的薰衣草有着迷人的色彩，而且芳香四溢，给人一种非常浪漫的感觉。它不仅仅是一种观赏花卉，还可以制作成香料，能够镇静情绪、消除疲劳，对净化空气、驱虫也有一定的作用。

花草小档案

温度要求	阴凉
湿度要求	耐旱
适合土壤	微咸性排水良好的砂质土壤
繁殖方式	播种
栽培季节	春季、秋季
容器类型	大型
光照要求	喜光
栽培周期	8个月

栽培月历

月	1	2	3	4	5	6	7	8	9	10	11	12
种　植			—	—	—	—	—	—				
生　长			—	—	—	—	—	—	—	—		
收　获			—	—	—							

［浇水］

薰衣草不喜根部常有水停留，在一次浇透水后，应待土壤干燥时再给水，已表面培养介质干燥，内部湿润为主，叶子轻微萎蔫为主。浇水不必太多，只要盆土干燥后再浇，浇水时尽量不要浇到叶子及花，否则易腐烂且滋生病虫害。

［施肥］

施肥可将骨粉放在盆土当作基肥（每三个月施一次），成株后在施用磷肥较高的肥料施肥，施氮肥。

栽种步骤 STEP BY STEP

① 薰衣草可以用种子繁殖，去花市或种苗店都可以购买到种子。薰衣草种子的休眠期比较长，且外壳坚硬致密，播种前须用35℃~40℃的温水浸泡12个小时。

② 将土壤整平，浇透水，待水渗下后将种子均匀的撒播在土上，覆土0.3厘米。用浸盆法使土壤吸足水分，发芽后再将育苗盆移植到阳光充足的地方。

③ 当苗高达10厘米左右时即可进行移植定植了。定植前，须施入适量复合肥作为基肥，定植后要放置在光照充足的地方。

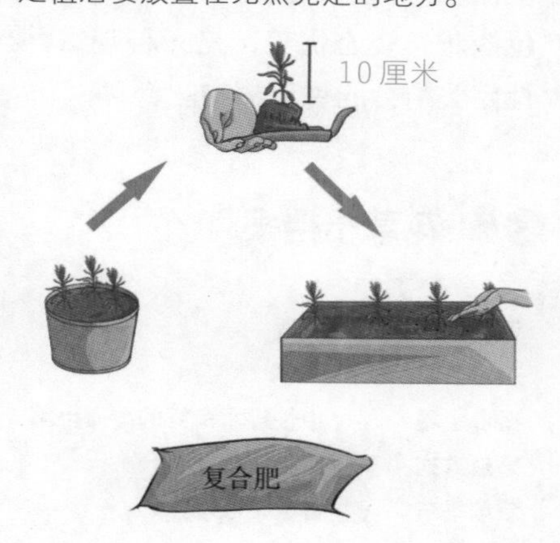

④ 开花后须进行剪枝，将植株高度修剪为原来的2/3，以促使枝条发出新芽。

注意事项

薰衣草的修剪

在高温多湿的环境中，薰衣草需要疏剪茂密的枝叶以增加植株的采光性和透气性，这样可以防止病虫害的发生。栽培初期要除花蕾，以保证新长出的花芽高度一致，有利于一次性采收。

什么时候采收薰衣草？

薰衣草在开花前香气最为浓郁，这个时候最适合采收，可剪取有花序的枝条直接插入花瓶中观赏，也可以晾晒成干燥花。

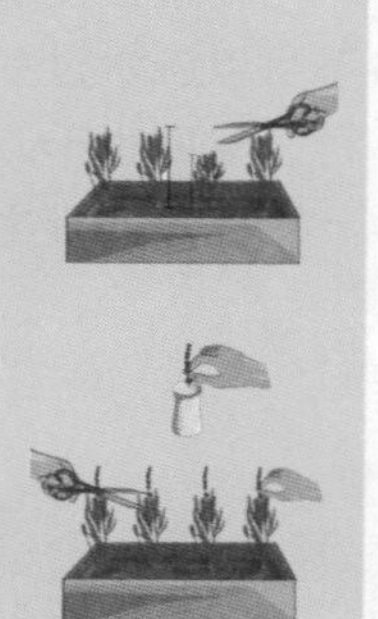

百里香

［唇形科］

百里香为常绿小灌木，香味在开花时节最为浓郁。百里香淡淡的清香能够帮助人集中注意力，提升记忆力。叶片小巧可爱，花色淡雅，姿态优美，是一种观赏性与使用性完美结合的香草植物。

花草小档案

温度要求	温暖
湿度要求	耐旱
适合土壤	中性排水良好的砂质土壤
繁殖方式	播种、扦插
栽培季节	春季、秋季
容器类型	中型
光照要求	喜光
栽培周期	6 个月

栽培月历

月	1	2	3	4	5	6	7	8	9	10	11	12
种 植												
生 长												
收 获												

［浇水］

百里香喜欢在干爽的环境中生长，因此不可以浇水过多，看到盆土干透后再浇水即可，盆底也千万不要出现积水的现象，否则一定要及时排水。

［施肥］

百里香的生长速度慢，并不需要太多的肥料，以泥炭为介质的话，大约加入 5% ~ 10%的腐熟有机肥即可，植株长大后，剪取枝条利用，新芽开始生长时，酌情每 1 ~ 2 星期浇灌 1000 倍液肥，夏季生长衰弱，此时施肥易导致植株败根死亡。

栽种步骤 STEP BY STEP

① 将百里香的种子混合细砂后均匀播撒在土中，不要覆土，用手轻轻按压，使种子与土壤充分接触，将土壤浸在小水盆中吸足水分。

② 育苗期间要保持充足的光照，温度较低的环境中可覆盖一层塑胶布保温，发芽后即可揭去塑胶布。

③ 当幼苗长到5～6厘米高时，就可以进行移植。

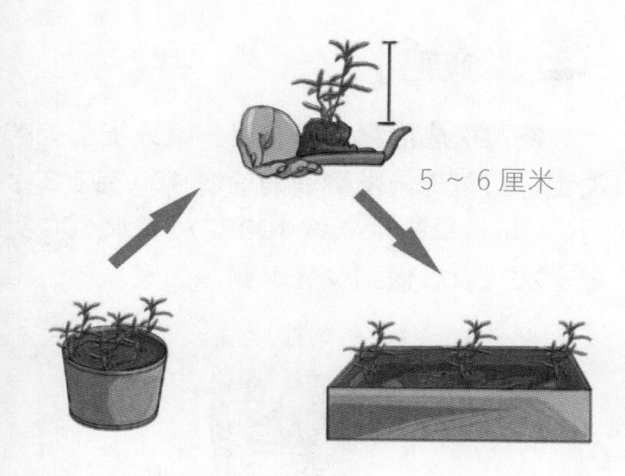

④ 百里香的采收与植株修剪可以同时进行，最好选在植株开花之前进行采收，这时的茎叶香气最浓郁。

⑤ 分株在晚春或早秋，此时植株进入休眠期。当植株的地上部开始枯萎，即可将植株连根挖出，小心理清根系，用手掰成2～3丛，另行种植即可。

月桂

［樟科］

月桂株型优美，香气浓郁，是一种极具观赏价值的植物。月桂中含有的解毒成分，能够有效地治疗风湿、腰痛等疾病，对健脾理气也有明显的作用。

花草小档案

温度要求	温暖
湿度要求	耐旱
适合土壤	弱酸性排水良好的肥沃砂质土壤
繁殖方式	播种
栽培季节	春季、夏季
容器类型	中型
光照要求	喜光
栽培周期	8 个月

栽培月历

月	1	2	3	4	5	6	7	8	9	10	11	12
种　植			●	—	—	—	—	●				
生　长			●	—	—	—	—	—	—	●		
收　获			●	—	●							

［浇水］

月桂的浇水要实行“不干不浇、浇则浇透”的原则，浇水后要注意及时进行排水，长时间积水会导致根系腐烂，叶片也会出现枯黄脱落的现象。

［施肥］

待苗株成活露出新芽时，撬开根部处的泥土，按每株施发酵后的油饼 100 克。3 个月后，可按每株用碳铵 100 克对粪水 500 克淋一次，以后做到少施、勤施为宜。

栽种步骤 STEP BY STEP

① 盆栽月桂可使用庭园土与河砂、腐熟有机肥混合而成的培养土，但使用前要进行消毒。

② 家庭种植所采用的幼株可从花市或园艺店购买。幼苗高度一般是 30 ~ 50 厘米，种于花盆中，将土压实，并浇足水，置于阴凉处栽培约 10 天。

③ 月桂在生长期间需要进行修剪，可以修剪成球形或伞形，并注意水和肥料的供应。

④ 盆栽月桂由于盆土有限，须不断的追肥，以少量勤施为原则。春季新枝萌芽，可追施 2 次速效氮肥，夏初和秋初可适量追施磷钾肥，以利于养分的累积。

⑤ 月桂幼树通常不会开花，成年后才能开花，果实通常在 9 月成熟，可在果实变成暗褐色时进行采收。

茉莉花

［木樨科］

茉莉花素洁、芳香浓郁、清香甜美，是人们非常喜欢的一种香花植物，它含有挥发性的精油物质，可以清肝明目、消炎解毒，还有稳定情绪、舒解郁闷心理的作用。

花草小档案

温度要求	温暖
湿度要求	湿润
适合土壤	弱酸性的肥沃砂质土壤
繁殖方式	播种
栽培季节	春季、夏季
容器类型	中型
光照要求	喜光
栽培周期	8 个月

栽培月历

月	1	2	3	4	5	6	7	8	9	10	11	12
种　植			●	—	—	—	—	●				
生　长			●	—	—	—	—	—	—	●		
收　获			●	—	●							

［浇水］

茉莉喜欢潮湿，不能忍受干旱，怕积水，若盆土太湿容易导致根系腐烂及叶片凋落，严重时还会造成植株死亡，因此浇水一定要适时、适量。

“春天的 4 ~ 5 月，茉莉抽生新枝、长出叶片，不须太多的水；5 ~ 6 月是茉莉的春花期，浇水可以稍多一些。”

［施肥］

茉莉嗜肥，而且开花时间长，需肥量较大，在生长季节可以每周施用一次肥料。另外，它还喜欢酸性土壤，可以每周浇施 1:10 的矾肥水一次。

腐熟的豆渣、菜叶是茉莉花最好的肥料，将这些东西制成肥料既可废物利用，又可提供充足的肥力，以促进花朵盛开。

栽种步骤 STEP BY STEP

① 茉莉可采用扦插的方式进行繁殖。剪取当年生或前一年生的健康枝条，剪成约10厘米长一段，每段有3～4片叶子，将下部叶子剪除，埋入土中，保留1～2片叶子在土壤上面。

② 扦插后要保持土壤的湿润，以促进枝条萌芽发根，夏季高温的情况下每天早、晚需要各浇水一次。植株如果出现叶片枯萎下垂的现象，可以在叶片上喷水以补充水分。

注意事项

茉莉的哪一部分是可以食用的呢?

茉莉的花朵可以食用，将新摘下的花朵在阴凉通风、干净的地方储存，可以用来制作料理或泡茶饮用。

③ 夏季是茉莉的生长旺季，需要每隔3～5天就施加一次稀薄液肥。入秋后要适当减少浇水，并逐渐停止施肥。

④ 将生长过于茂密的枝条、茎叶剪除，以增加植株的通风性和透光性，进而减少病虫害的发生。

⑤ 茉莉花喜欢在阳光充足的环境中生长，充足的光照可以使植株生长得更加健壮。开花期间给植物多浇水，可以使茉莉花的花香更加浓郁，浇水时注意不要将水洒到花朵上，否则会导致花朵腐烂、凋落或香味消逝。

神香草

[唇形科]

神香草为多年生半灌木，株高 50 ~ 60 厘米，单叶窄披针形到线形，花序穗状，有紫色、白色、玫瑰红等品种。神香草气味清香，具有提神醒脑、清热解毒的功效。

花草小档案

温度要求	耐寒
湿度要求	湿润
适合土壤	弱酸性排水良好的砂质土壤
繁殖方式	播种
栽培季节	春季、秋季
容器类型	中型
光照要求	喜光
栽培周期	8 个月

栽培月历

月	1	2	3	4	5	6	7	8	9	10	11	12
种　植			●	—	●			●	—	●		
生　长			●	—	—	—	—	—	—	●		
收　获			●	—	—	—	—	●				

[浇水]

为了提高采收的品质，在采收前 5 ~ 10 天就要停止浇水了。适中水量浇水，当盆土渐干时，每次浇水要浇湿透。

最宜排水性佳、养分充足的土壤；积水易使根烂（败根）死亡。

[施肥]

神香草应高肥量施肥，香草植物的生长速度很快，因此需肥量大，至少 15 日施三要次肥。神香草基于使用健康的理由，不建议用化学原料施肥，可改用有机肥来施肥，约 2~3 个月施肥一次即可。

栽种步骤 STEP BY STEP

① 神香草通常是以播种的方式进行繁殖的。一般可以在花店或种苗店或花市买到神香草的种子。将种子与细砂混合，均匀地撒播在育苗盆中，浇透水，发芽前保持土壤湿润即可。

② 当植株长到6～8厘米高时，就可以移植了。一定要控制温度和湿度，温度过高会导致植株徒长。

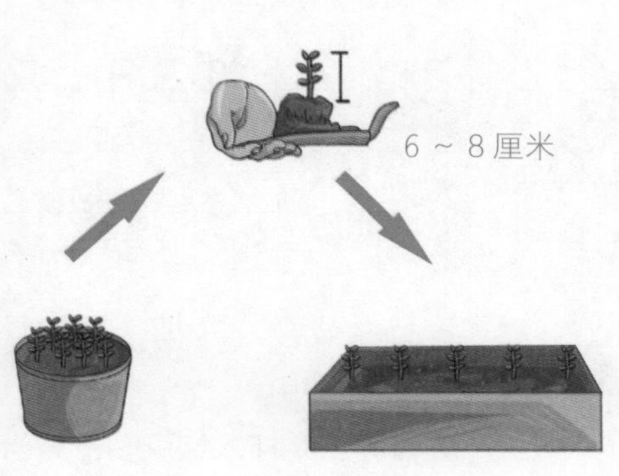

③ 定植后要充分的浇水，3～5天后再次浇水，以促进新根的生长。

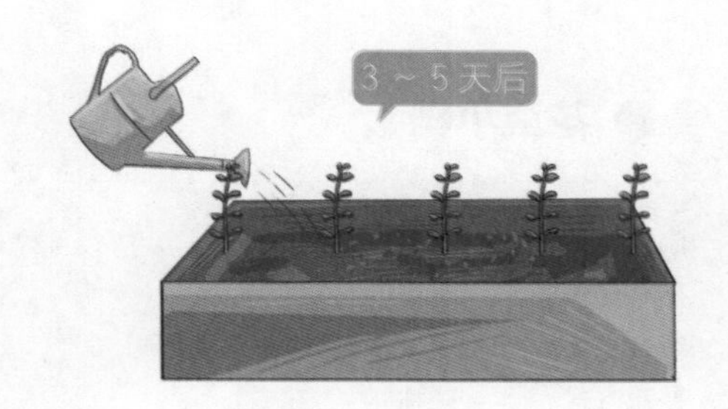

④ 神香草需要大量的氮肥，但对磷钾肥的需求量较少。适当的施肥会使枝叶迅速生长。

注意事项

什么时候最适宜采花？

神香草一般是在6月开花，有少量花苞绽放时就可以进行采收了。种子一般在7、8月份成熟，要注意采摘和采种的时间。

金莲花

［毛茛科］

金莲花为多年生草本植物，株高 30 ~ 100 厘米。基生叶具长柄，五角形叶子，二回羽状裂片。夏季开花，花瓣状萼片 8 ~ 9 枚。金莲花是一种非常神奇的保健植物，具有清热解毒的功效。

花草小档案

温度要求	耐寒
湿度要求	耐旱
适合土壤	弱酸性排水良好的砂质土壤
繁殖方式	播种
栽培季节	春季、秋季
容器类型	中型
光照要求	喜光
栽培周期	6 个月

栽培月历

月	1	2	3	4	5	6	7	8	9	10	11	12
种植			●—	—	—●			●—	—●			
生长			●—	—	—	—	—	—	—●			
收获			●—	—	—●							

［浇水］

生长期茎叶繁茂，需充足水分，应向叶面和地面多喷水，保持较高的空气湿度，有利于茎叶的生长。如果浇水过量、排水不好，根部容易受湿腐烂，轻者叶黄脱落重者全株凋萎死亡。

［施肥］

可用一般培养土并拌入好康多一号当作基肥，生长期间要控制浇水及施肥量，水分及氮肥过多会使茎叶生长旺盛而不开花，此时应剪除部分叶片，七至十天施用一次补充磷钾肥，可促进花芽生成提早开花。

栽种步骤 STEP BY STEP

① 金莲花可用种子直接播种，已干的种子播种前须用40℃～45℃的温水浸泡一天。

40℃～45℃的温水浸泡一天

② 将土壤弄平，将种子混合细砂后均匀的撒播在育苗盆中，覆土约0.3厘米，然后用细孔喷壶浇透水。发芽期间须经常浇水，保持土壤湿润，以利幼苗成长。

③ 当幼苗长出3～4片真叶时，可移植定植。移植宜在阴天或早晚进行，移植后及时浇水遮阴，这样可以有效地增加植株的成活率。

④ 金莲花的剪枝可以结合摘心进行，这样可以有效地促进植物多分枝、多开花。如果植株的枝叶过于茂盛，我们就要适当地进行疏剪，以利植株的通风。

⑤ 植株的繁殖期一般是在4～6月，剪取健壮且带有2～3个节的嫩枝条，插入土壤中，并进行遮阴喷雾，15～20天就可以生根了。

⑥ 花完全开放时可以采摘花朵，采摘后应放在通风处晾干，
以便长期保存。

4～6月份

洋甘菊

［菊科］

洋甘菊是一种具舒缓作用的植物，具有抗菌消炎、抗过敏的作用。洋甘菊淡淡的香气还可以抚平焦虑紧张的情绪，对于缓解压力有很好的效果。

花草小档案

温度要求	耐寒
湿度要求	湿湿润
适合土壤	中性排水良好的肥沃土壤
繁殖方式	播种
栽培季节	春季、夏季、秋季
容器类型	中型
光照要求	喜光
栽培周期	全年

栽培月历

月	1	2	3	4	5	6	7	8	9	10	11	12
种　植												
生　长												
收　获												

［浇水］

洋甘菊不适合在炎热和干燥的环境中生长，夏季应早、晚各浇一次水，以保持植株的生长环境湿润。用浇花器将土壤浇透，待土壤完全干透后再进行下一次浇水。

［施肥］

生长期每月施肥一次，肥料要控制用量，否则洋甘菊的花期会推迟，其他时间每隔2 ~ 3个月施肥一次即可。洋甘菊喜肥，但应该控制施氮肥，以免生长过长引来病虫，施肥应该集中在中期。

栽种步骤 STEP BY STEP

① 洋甘菊可以用种子直接进行繁殖。由于种子非常细小，播种时需要将种子与细沙混合。

② 播种后在容器上覆上一层保鲜膜以保持土壤湿润，发芽后去掉保鲜膜，种植的温度不要过高，因为高温容易导致植株徒长。

③ 当植株生长到约10厘米高时，可以进行移植定植，植株间距控制在15～25厘米。松软而湿润的土壤、充足的阳光是洋甘菊最适合的生长条件。生长期间每月施肥一次，控制施肥量，否则花期会延迟。

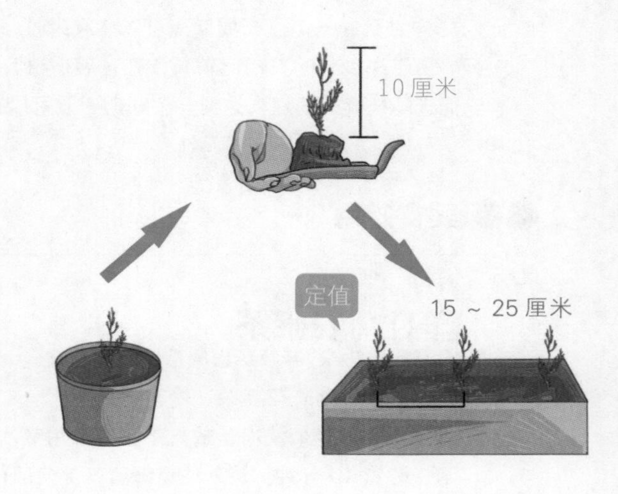

④ 枝叶长得过于繁密时，要及时进行修剪，以增加透气性。并适时进行摘心，以促进开花枝芽的生长。

及时修剪枝叶和摘心

⑤ 洋甘菊也可以用扦插或分株的方式进行繁殖。分株应该在秋季进行，扦插则在春季进行，可以选取顶部5～7厘米的嫩枝作为插穗。

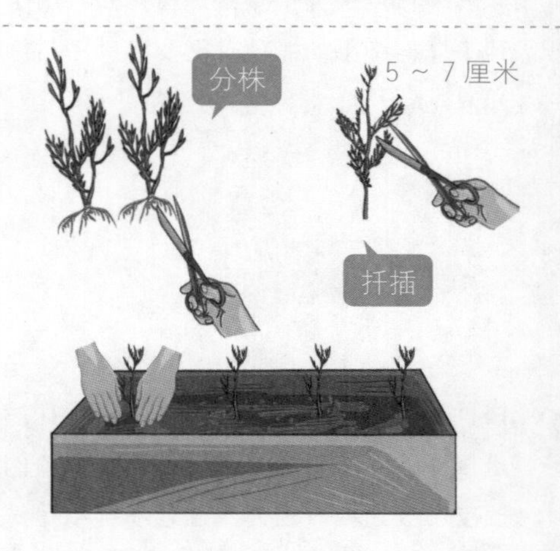

注意事项

洋甘菊的采摘时节

洋甘菊的开花时间很晚，在播种后的第二年夏季才会开花。开花前是营养含量最高的一段时间，所以采摘最好选择在这个时间进行。

可以采收多次

洋甘菊在一个生长周期里可以多次采收，要选择在晴天的正午进行。由于洋甘菊的花期比较长，开花后植株容易老化，需要进行强剪以促进新枝叶的萌发，这样一个周期一般可以采收3～5次。

美食妙用

洋甘菊安眠茶

丰富的维生素/减轻焦虑的情绪

材料：洋甘菊鲜花8朵、蜂蜜适量。

做法：将洋甘菊洗净，放入茶壶中。用热水冲泡，静置10分钟。调入适量蜂蜜，拌匀即可。

紫苏

［唇形科］

紫苏是一种非常好的食疗香草，嫩叶和紫苏籽中含有多种维生素和 矿物质，能够有效地增强人体的免疫力和抗病能力，还具有理气、健胃的功效，可以治疗便秘、咳喘等不适的症状。

花草小档案

温度要求	温暖
湿度要求	湿润
适合土壤	中性排水良好的肥沃土壤
繁殖方式	播种
栽培季节	春季
容器类型	中型
光照要求	喜光
栽培周期	8 个月

栽培月历

月	1	2	3	4	5	6	7	8	9	10	11	12
种　植												
生　长												
收　获												

［浇水］

夏天容易干枯，需注意给水，用手指插入土壤中 2 ~ 3 厘米感受湿度。而且每次浇水要让水从水孔流出，这样才是浇透。

［施肥］

紫苏开始分枝时生长迅速，每平方米可追施尿素 20 ~ 30 千克。孕蕾期再追施尿素 20 千克（或二铵 15 千克）。白露节前 10 ~ 15 天停止浇水追肥，让其充分进行光合作用，提高产量和质量。

栽种步骤 STEP BY STEP

① 家庭栽培通常采用种子直播法或育苗移栽法进行繁殖。紫苏种子采收后大约有4个月的休眠期，春、秋两季为播种的适当时期。

② 播种前先将土壤浇透水，将种子与细砂混合，均匀的撒播在土中，覆薄土，不见种子即可，轻轻洒水，保持湿度。

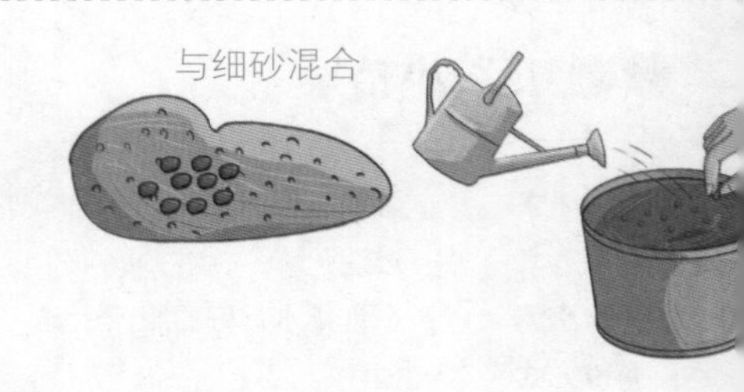

③ 种子发芽前要保持土壤湿润，如果选择直播的方式，种子发芽整齐后要及早间去过密幼苗，间苗可分2～3次进行，小苗的密度过大会导致植株徒长。为防止小苗长成高脚苗，应注意多通风、透气。

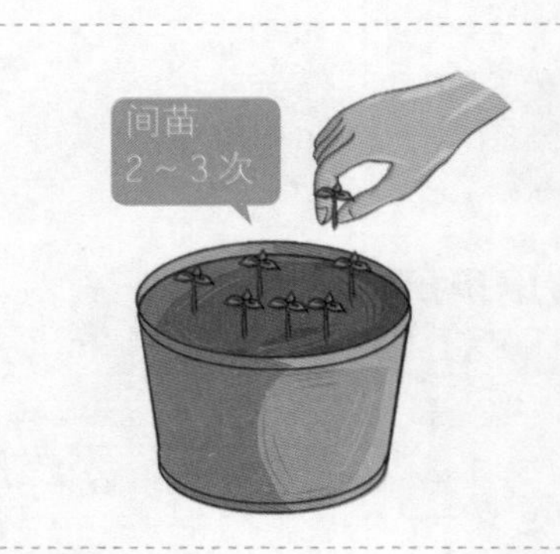

④ 当长出2对真叶时可进行移植定植，移植时要尽量多带一些土，不要伤及根系。定植时为了使根系舒展，要覆盖细土、压实，浇足水分，以利成活。

⑤ 当采摘新鲜的紫苏叶食用，可以选择在晴天进行，晴天时叶片的香气更加浓郁。若苗健壮，从第四对至第五对叶开始即能达到采摘标准，生长高峰期平均 3 ~ 4 天可以采摘一对叶片，其他时间一般 6 ~ 7 天采收一对叶片。

注意事项

及时剪枝，避免消耗过多养分

紫苏的分枝能力比较强，要及时摘除分枝，以免消耗掉过多养分，剪下的枝叶是可以食用的。在植株出现花序前要及时摘除，以阻止开花，维持茎叶旺盛生长，不同时间的剪修工作所达到的效果是截然不同的。

如何促进紫苏开花?

如果想要促进紫苏开花，就要缩短日照的时间，以促进花芽分化。等到种子成熟后，将全草割下，晒干后将种子存放起来即可。

苏子梗如何保存?

紫苏的茎枝称为苏子梗。采收苏子梗，要在花蕾刚长出的时候进行，连同根茎一起割下，倒挂在通风阴凉的地方晾晒即可。

美食妙用

紫苏粥

健脾

材料：粳米 100 克、紫苏叶 8 片、红糖适量。

做法：将紫苏叶洗净切碎，粳米洗净。将粳米入锅，加入适量水，大火煮沸后转小火熬煮，至米粒熟软时放入紫苏叶煮 5 分钟，再加入红糖即可。

蒲公英

［菊科］

蒲公英在荒野之中或马路边的安全岛上随处可见，可是你也许不知道，蒲公英含有多种维生素和微量元素，具有清热解毒、消肿散结的作用，甚至可以治疗急性结膜炎、乳腺炎等疾病。

花草小档案

温度要求	耐寒
湿度要求	湿润
适合土壤	中性排水良好的砂质土壤
繁殖方式	播种
栽培季节	春季、夏季、秋季
容器类型	大型
光照要求	喜光
栽培周期	8个月

栽培月历

月	1	2	3	4	5	6	7	8	9	10	11	12
种　植												
生　长												
收　获												

［浇水］

植株发芽后要适当地控制浇水，以防幼苗徒长或倒伏。叶片生长迅速的时候，需水量比较大，足够的水分可以促进叶片旺盛地生长。蒲公英收割后，根部会流出白色乳汁，此时不应该浇水过多以防烂根。

［施肥］

蒲公英在生长期间以施加有机复合肥为主，入冬后要追施一次越冬肥，这样可以使根系安全地度过冬天，以免冻伤。每次间苗后和收割一次后，结合浇水施一次速效氮肥。

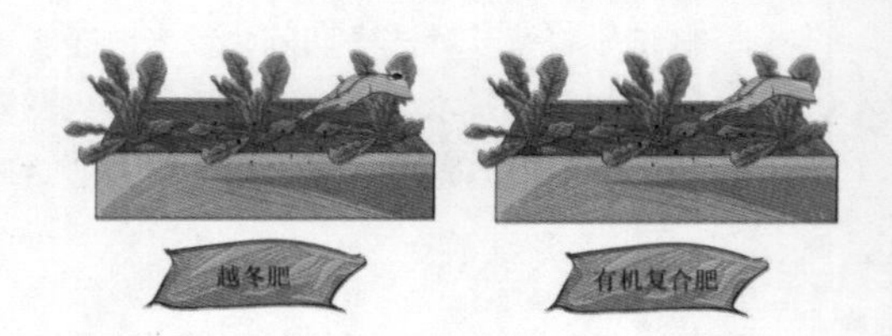

栽种步骤 STEP BY STEP

① 蒲公英可以直播也可以移植幼苗。将苗床整平、整细，浇透水后将种子与细砂混合，均匀地撒播在育苗盆中，不可以覆土过厚，用浸盆法使土壤吸足水分。

② 周围环境的温度如果较低，可以用覆盖塑胶布的方法保温保湿，当发芽整齐后要揭去塑胶布，并及时追肥浇水。当幼苗长出 2 ~ 3 片真叶时，就需要间苗了。间苗分两次进行，然后进行上盆移植。

③ 当幼苗长出 6 ~ 7 片真叶时就可以进行移植了。定植前要在盆中施入腐熟的有机肥作为基肥，并将肥料与土壤充分混合。

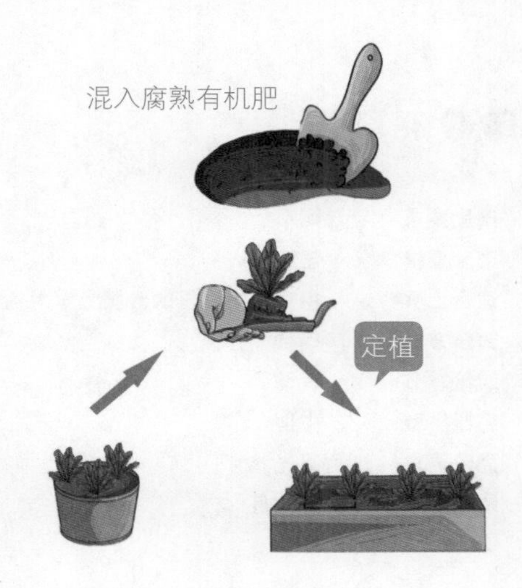

④ 当年种植的蒲公英不宜采收种子，第二年可陆续采收。若采收嫩叶，可摘取心叶以外的叶片食用，保留根部以上 1 ~ 1.5 厘米，以保证新芽可以顺利长出。

番红花

[鸢尾花科]

番红花是一种常见的香料，具有很高的药用价值。番红花的花色鲜艳夺目,多在干燥的状态下供药用，具有镇静、消炎的作用，能够治疗胃病、麻疹、发热等症。

花草小档案

温度要求	耐寒
湿度要求	湿润
适合土壤	中性排水良好的砂质土壤
繁殖方式	播种、分株
栽培季节	秋季
容器类型	中型
光照要求	喜光
栽培周期	8个月

栽培月历

月	1	2	3	4	5	6	7	8	9	10	11	12
种植			●	—	—	—	—	—	—	●		
生长			●	—	—	—	—	—	—	●		
收获			●	—	—	—	—	●				

[浇水]

气候干旱的时候要适时浇水。3 ~ 4 月份春雨绵绵，盆中容易积水，土壤久湿，鳞茎很容易腐烂，最终导致叶片发黄，植株过早枯萎。所以，雨后要记得及时排水。入冬前要浇一次透水，以便安全过冬。

[施肥]

番红花栽种前应施入沤透的有机肥，从其生根抽叶后，可每隔 10 天追施一次氮、磷均衡的稀薄液态肥；孕蕾期还要施一些速效的磷肥，这样有利于开花，直至花莛抽去、花苞现色时为止。

栽种步骤 STEP BY STEP

① 番红花喜欢温暖湿润的环境，害怕酷热。生长温度最好保持在 15℃左右。

② 番红花在夏季有休眠期，到了秋季才会生根、长叶，所以要在秋季种植，花期在 10 ~ 11 月，整个生长周期长达 210 天左右。

③ 种植前要将土壤进行翻耕，施足腐熟的有机肥。生长期也要保持土壤湿润，开花后要及时追加 1 ~ 2 次腐熟的有机肥，以促使球茎生长。

④ 球茎的寿命为一年，与郁金香非常相似，每年新老球茎交替更新一次。一般情况下，番红花是不会结果的。除了特殊的品种会结果，但是种子播种繁殖的植株须栽培 3 ~ 4 年才能开花，而分株的球茎当年就可长出植株并开花，因此，在栽种时要尽量选择球茎栽种，这样当年就可享受到收获的乐趣了。

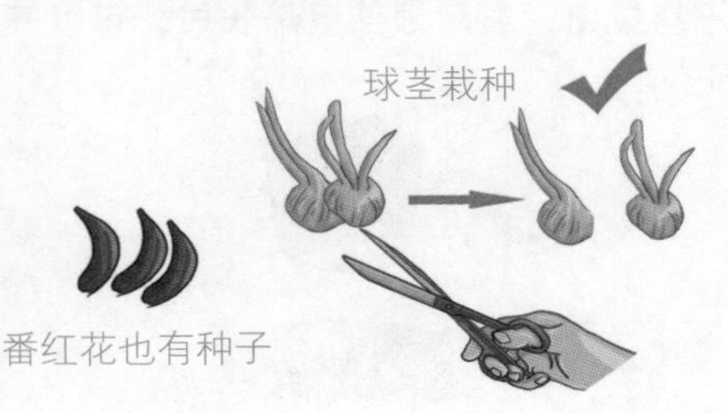

⑤ 植株夏季进入休眠期，地上部会出现干枯，但秋季会再次萌芽，分株后的球茎可在干燥的环境中得到保存。

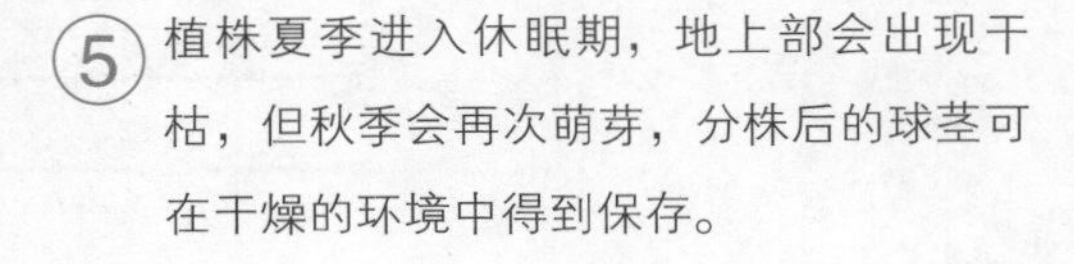

艾草

[菊科]

艾草是逢到端午节时都会见到的植物，在人们的心中有着辟邪驱灾的吉祥意义。实际上，艾草还具有调理气血、温暖经脉、散寒除湿的功效，能够治疗风湿、关节疼痛等症状。

花草小档案

温度要求	耐寒
湿度要求	湿润
适合土壤	中性潮湿的肥沃砂质土壤
繁殖方式	播种
栽培季节	春季
容器类型	中型
光照要求	喜光
栽培周期	8 个月

栽培月历

月	1	2	3	4	5	6	7	8	9	10	11	12
种　植												
生　长												
收　获												

[浇水]

刚扦插的艾草只需每日浇水即可，春夏季需每日浇水，秋冬每 2 日浇一次水。

[施肥]

艾草在种植前要施加足够的基肥，并保持土壤湿润，给种子发芽创造一个好的环境。

生长直到手拉可感觉根部已经抓住土壤且不易拔出，表示根部已经长成，可以开始施肥。

栽种步骤 STEP BY STEP

① 艾草用种子播种或是分株繁殖均可。选择种子播种的方式进行繁殖时，要注意覆土不可过深，0.5 厘米即可，否则会导致发芽困难。

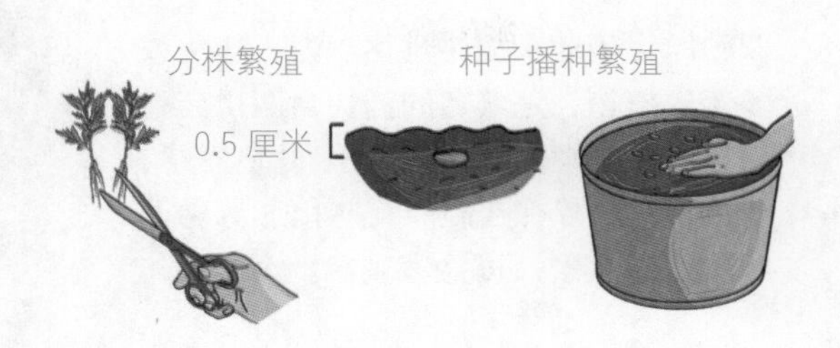

② 播种后要保持土壤湿润，发芽后要注意及时松土、间苗。

③ 当苗长到 10 ~ 15 厘米的时候，按照植株间距 20 厘米左右进行定植。

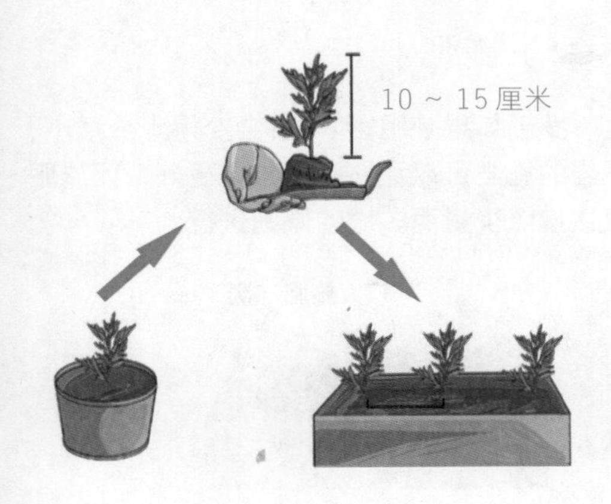

④ 植株生长期间，可以随时摘取嫩叶食用，每采摘一次，就要施加一次有机肥，以氮肥为主，并适当配以磷钾肥。

⑤ 艾草种植 3 ~ 4 年后就可以进行分株了，分株要在早春芽苞还没萌发时进行，将植株连根挖出，选择健壮的根状茎，在保持 20 厘米株距的情况下另行种植，压土浇水即可。

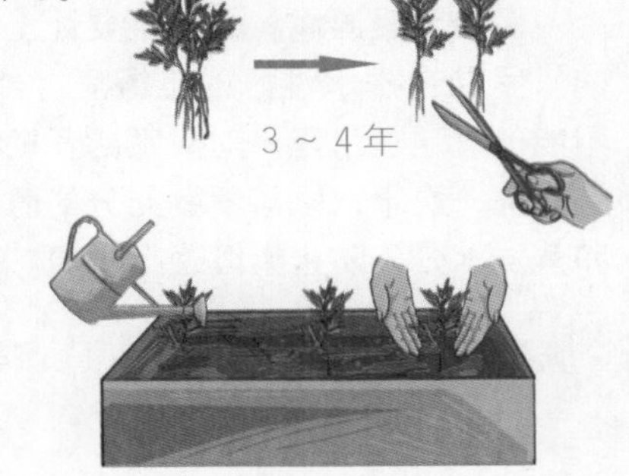

罗勒

［唇形科］

罗勒原生于亚洲温带地区，为一年生或多年生植物，是著名的药、食两用芳香植物，味似茴香，全株小巧，叶色翠绿，花色素雅，芳香四溢。有些稍加修剪即成美丽的盆景，可盆栽观赏。

花草小档案

温度要求	温暖
湿度要求	湿润
适合土壤	中性排水良好的肥沃砂质土壤
繁殖方式	播种
栽培季节	春季、夏季
容器类型	中型
光照要求	喜光
栽培周期	8 个月

栽培月历

月	1	2	3	4	5	6	7	8	9	10	11	12
种　植												
生　长												
收　获												

［浇水］

保持土壤湿润，但是不要让土壤水汪汪的。罗勒在排水性好的土壤里才能长得好，不能一直泡在水里。对成熟的罗勒，每天早上应浇一次水，来给罗勒充分的时间来吸收和蒸发水分，防止土壤晚上干掉。

［施肥］

罗勒如果缺肥，植株就会变得十分矮小，适当的施肥可以让植株生长得更好，而施肥应该按照少量而多次的原则进行。

15天施肥一次

栽种步骤 STEP BY STEP

① 罗勒通常采用种子播种的方式进行繁殖，选择饱满、无病虫危害的种子。播种前，培养土要在阳光下晒一晒，以杀死土壤中的病菌。

② 将种子均匀地撒播在土中，覆土 0.5 厘米，最后进行喷水。温度控制在 20℃左右，4 ~ 5 天小苗就可以长出来。

③ 当植株长出 1 ~ 2 片叶子时要适当地进行间苗，将苗间距控制在 3 ~ 4 厘米。

④ 当植株长出 4 ~ 5 对叶子时就可以移植了，植株距约保持在 25 厘米左右，定植后要浇透水。

⑤ 如果不需要采收种子，当花穗抽出后要及时进行摘除，以免消耗过多的养分。

种蔬果，打造居家小菜园

你有没有品尝过自己亲手种的菜？虽然没有超市里的包装漂亮，但是品尝自己亲自种植而获得的果实，心中的那种成就和满足感是不言而喻的。

不需要庭院，只需要几个容器，你的阳台就会成为一片充满生机的绿色菜园。本篇针对初学者畏难的心理，专门介绍比较容易的蔬菜栽培法，让你在实践中体验到无穷的乐趣。

番茄

［菊科］

番茄是营养价值非常高的蔬菜，还可以当作水果生食。番茄的品种在大小上差异很大，初学者在栽种的时候应该选择容易栽种的小番茄。

花草小档案

温度要求	阴凉
湿度要求	湿润
适合土壤	中性排水良好的肥沃土壤
繁殖方式	播种、植苗、扦插
栽培季节	春季
容器类型	大型
光照要求	喜光
栽培周期	2 个月

栽培月历

月	1	2	3	4	5	6	7	8	9	10	11	12
种　植												
生　长												
收　获												

Q 花朵授粉的重要性？

A 如果番茄的花朵不进行授粉的话，就会造成只生长茎叶而不结果。这个时候我们需要做的就是轻轻地摇动花朵，进行人工授粉，这样才可以收获美味的果实。

Q 果实为什么出现裂缝？

A 因为下雨后，番茄吸取过多的水，导致果实膨胀出现裂果。所以，要将盆钵容器等移动至避免淋雨的地方，这样才能保证果实不受伤害。

栽种步骤 STEP BY STEP

① 首先要选择长有 7 ~ 8 片叶子的苗，茎部要结实粗壮。将小苗放置在容器中挖好的植穴里。选取一根 70 厘米长的支架，插入泥土中，注意不要伤到植物的根部，用麻绳将植物的茎与支架绑在一起。

② 植株生长 1 周后，将植株所有的侧芽都去掉，只留下主枝。

③ 3 周后选取 3 根 70 厘米长的支架，插入容器中，将植株顶端与支架进行捆绑。当第一颗果实大约长到手指大小的时候，进行追肥，之后每隔 2 周进行一次追肥。

④ 8周的时间番茄就应该红了，将果实从蒂部上端剪下来。

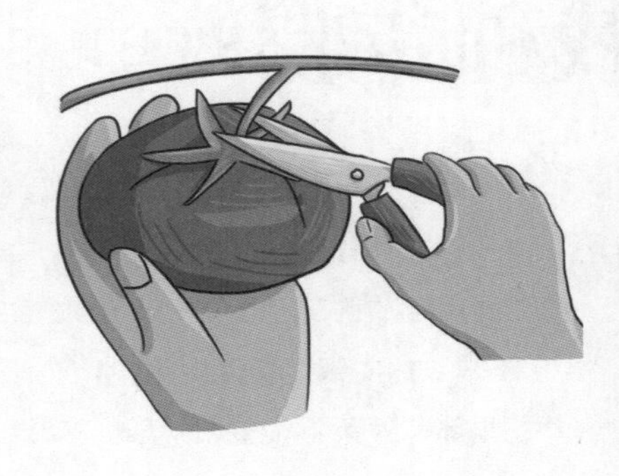

⑤ 当植株长到和支架一样高时，将主枝上端剪去，让植株停止往上生长。

美食妙用

番茄优酪乳

丰富的维生素

材料：番茄200克、优酪乳200毫升、蜂蜜适量。

做法：在阳台上摘些番茄，并清洗干净。将番茄放进果汁机，并倒入优酪乳和适量蜂蜜。用果汁机打成汁即成。

黄瓜

［菊科］

黄瓜古称胡瓜，由西汉张骞从西域带到中原，因此而得名。黄瓜生长非常迅速，一般植苗后 1 个月左右便可以收获，适宜温度为 18℃～ 25 ℃，不耐寒，春天要等到气温显著回升后再进行栽培。

花草小档案

温度要求	阴凉
湿度要求	湿润
适合土壤	中性排水良好的肥沃土壤
繁殖方式	播种、植苗、扦插
栽培季节	春季
容器类型	大型
光照要求	喜光
栽培周期	2 个月

栽培月历

月	1	2	3	4	5	6	7	8	9	10	11	12
种　植				●	●							
生　长					●	●	●					
收　获						●	●	●	●			

Q 果实萎缩是怎么回事？

A 果实萎缩是指花开后当瓜长到 8 ～ 10 厘米左右时，瓜条不再伸长和膨大，且前端逐渐萎缩、变黄，之后整条瓜逐渐干枯。主要原因为：栽培管理措施不当、肥料供应不足、结果过多、采收不及时、植株生长势差、光照不足、温度过低或过高等。

Q 为什么要剪枝？

A 黄瓜剪枝主要是为了增加果实的收获量。这样植物就能更容易将营养输送到侧枝，使果实长得更多更好。

栽种步骤STEP BY STEP

①首先，要选出色泽好、枝条结实的幼苗。用手夹住幼苗，放到已经挖好植穴的土壤中，轻轻覆土，同时注意如为嫁接品种要将嫁接处露在土外，在泥土中插入支架，同时注意不要伤到植株根部。

②1周后选择3根支架间隔地插入土中，在支架顶部进行捆绑。用麻绳将蔓与支架进行捆绑，捆绑力度要放松。然后进行追肥，撒在植株根部并与泥土混合，之后每2周进行追肥一次。

注意事项

黄瓜苗与苗之间的距离要保持在30厘米以上，否则会影响植株的生长。

选购种苗的时候最好选择嫁接的苗，黄瓜嫁接苗的抗寒性、抗病性比一般未嫁接的苗都要好。

黄瓜弯曲是由于肥料不足，但是弯曲的黄瓜并不比直的黄瓜口感差。如果想要培育出直的黄瓜，那么就要认真地浇水、施肥啊！

③ 当第一个果实长到 15 厘米长的时候要及时收获，这样可以使植株生长更好。此后当果实长到 18 ~ 20 厘米的时候收获即可。

④ 当植株长到与支架一样高的时候，要将主枝的上部剪掉，使侧芽生长。剪枝一定要选择在晴天进行，以防止淋雨，避免切口产生腐烂。

美食妙用

优酪乳黄瓜酱

清脆爽口，味道清香

材料：优酪乳 50 毫升、黄瓜 1 根、蒜 2 瓣、薄荷 20 片，盐、胡椒粉各适量。

做法：将蒜捣成泥。将黄瓜用刨丝器刨成细丝，并将黄瓜丝中的多余水分挤出。将黄瓜丝和优酪乳放进碗中，再加入蒜泥、盐、胡椒和薄荷，放进冰箱里冰镇后即可食用。

迷你南瓜

［葫芦科］

南瓜的种类很多，不过培育方式大致相同，盆栽的南瓜重量一般是 400 ~ 600 克。南瓜摘取后，放置一段时间会使其口味更甜更可口。南瓜不易腐坏，切开后即便放置 1 ~ 2 个月，营养和口感也不会变差。

花草小档案

温度要求	耐高温
湿度要求	耐旱
适合土壤	中性排水良好的肥沃土壤
繁殖方式	播种、植苗
栽培季节	栽春季
容器类型	大型
光照要求	喜光
栽培周期	3 个月

栽培月历

月	1	2	3	4	5	6	7	8	9	10	11	12
种 植					●—●							
生 长						●—	—●					
收 获							●—	—●				

Q 一定要人工授粉吗？

A 南瓜的雌花如果不进行授粉，就会造成只长蔓而不结果的情况，在大自然中这种时候蜜蜂等昆虫往往会帮忙，但是在阳台上种植就无法实现了，所以，人工授粉是确保成功结果的最好方式。

Q 光长蔓不结果时，怎么办

A 南瓜对氮肥的需求量并不多，施用过多就会导致只长蔓不结果的情况出现，因此，一定要控制好肥料的使用，以免收获不到果实。

栽种步骤STEP BY STEP

① 南瓜的品种很多，南瓜蔓长的品种需要较大的栽种面积，因此，要根据实际的情况选择合适的容器和种植的品种。用手按住苗的底部，将苗的根部完整地放入已经挖好植穴的容器中，覆土后轻轻按压，使土壤与根部紧密结合。

② 3周后留下主枝和2个侧枝，然后将其余的芽全部去掉。

③ 南瓜开花后，将雄花摘下，去掉花瓣，留下花蕊，将雄花贴近雌花授粉，注意带有小小果实的是雌花。

④ 当最初的果实逐渐变大时，进行一次追肥，以后每隔2周追肥一次。

⑤ 当南瓜蒂部变成木质、皮变硬的时候就可以采收了。

草莓

［蔷薇科］

草莓外观呈心形，鲜美红嫩，果肉多汁，有着特别浓郁的水果芳香。但是，草莓不耐旱，即使是在休眠期的冬季也不要忘记时常浇水。高温多湿的环境容易让草莓患上白粉病或灰霉病，所以夏季一定要注意通风。

花草小档案

温度要求	温暖
湿度要求	湿润
适合土壤	酸性排水良好的肥沃土壤
繁殖方式	播种、植苗
栽培季节	秋季
容器类型	中型
光照要求	喜光
栽培周期	7 个月

栽培月历

月	1	2	3	4	5	6	7	8	9	10	11	12
种 植										●	●	
生 长		●	●	●	●							
收 获					●	●						

Q 为什么要统一草莓苗的走茎？

A 草莓是透过走茎的生长来繁殖新苗的，果实一般生长在走茎的对侧。植苗的时候，最好将不同草莓苗的走茎方向统一一下。

Q 为什么要铺草？

A 草莓喜欢湿润，而果实接触泥土后却非常容易造成腐烂，因此，在土壤表面铺草，在避免土壤干燥的同时，还可以防止果实接触泥土而造成腐烂。

栽种步骤STEP BY STEP

① 草莓叶柄基部膨胀起来的部分叫作齿冠或根冠，为草莓新芽的生长点，齿要长得粗壮，草莓才会长得好。在一个中型容器中至多挖3个植穴，间距为25厘米，然后将草莓种苗埋入植穴中，齿冠部分只需略微覆盖，不可深埋，否则生长点被埋入土中，将造成生长状况不佳，栽种后用手轻轻按压后即可进行浇水。

② 种植 3 个月的时候进行第一次追肥，每株施肥 10 克左右，撒在根部旁边。

③ 当新芽长出后，要将枯叶去掉，这个时候开出的花没有结果的迹象，也要直接摘除。

④ 当果实刚刚长出来的时候，要在植株底部铺上一层稻草或塑胶布。

⑤ 种植半年左右要进行收获前的最后一次追肥，撒在根部旁边，与土混合，一个月后就可以收获了。

茄子

［茄科］

茄子是我们日常生活中最常见到的蔬菜之一，利用种子栽种不容易成活，作为初学者，最好能选择成苗的植株进行栽种。每年的 5 ~ 8 月是收获茄子的季节，要注意及时采摘。

花草小档案

温度要求	温暖
湿度要求	湿润
适合土壤	中性排水良好的肥沃土壤
繁殖方式	播种、植苗
栽培季节	春季
容器类型	大型
光照要求	喜光
栽培周期	6 个月

栽培月历

月	1	2	3	4	5	6	7	8	9	10	11	12
种　植				●	●							
生　长					●	●	●	●	●			
收　获					●	●	●	●	●	●		

Q 关于采摘？

A 茄子第一次结果的采摘时间一定要提前，只要茄子长得光泽饱满了就可以进行采摘，以促进植株后端的开花结果。

Q 花朵可以告诉我们什么？

A 茄子的花朵会告诉你茄子的生长状况如何，如果雄蕊比雌蕊长，植物的健康状况就不好，原因可能是水分或者肥料不足，也可能是有害虫作怪。

栽种步骤 STEP BY STEP

① 选择茎叶结实、叶色浓绿，并带有花蕾的种苗。用手夹住植株底部将其放在已经挖好植穴的容器中，准备一根长 60 厘米的支架，在距苗 5 厘米的位置插入土壤中，并用麻绳将其与植株的茎轻轻捆绑。土壤表面有干燥的感觉时就要及时浇水。

② 2 周后要将植株所有的侧芽都去掉，只留下主枝。当出现第一朵花时，留下花下最近的 2 个侧芽，其余的全部摘掉。选择一根长为 120 厘米的支架，插到苗的旁边，用麻绳进行捆绑。此后每 2 周要进行追肥一次。

③ 为了让植株能生长得更好，当果实长到 10 厘米左右时，即可用剪刀将果实从蒂部剪取。

④ 7 月上旬到 8 月下旬，将旧的枝条剪去，新的芽就会长出来，接下来只要静心等待收获的到来就可以了。

蚕豆

［豆科］

蚕豆是一种营养非常丰富的美食，具有调养脏腑的功效。栽种的时间一般是秋季，需要越冬，春天的时候才会开花结果。当豆荚由朝上变成向下沉甸甸地悬挂在枝头时，就表示蚕豆已经成熟了。

花草小档案

温度要求	温暖
湿度要求	湿润
适合土壤	微碱性排水良好的肥沃土壤
繁殖方式	播种
栽培季节	冬季
容器类型	大型
光照要求	喜光
栽培周期	7个月

栽培月历

月	1	2	3	4	5	6	7	8	9	10	11	12
种植											●	●
生长				●	●							
收获						●	●					

① 准备几个3号的小花盆，每盆中将2颗蚕豆放入土中，一定要将蚕豆种脐处（即种子上的黑线）斜向下放入土中，不要全埋，让一小部分种子露在土壤上面。

栽种步骤 STEP BY STEP

② 3周后将植株所有的侧芽都摘除，只留下主枝。当叶子长出2～3片时，将生长势不好的小苗拔掉。然后将生长势好的幼苗移植到一个大容器中，将苗放置在已经挖好植穴的容器里，植株间距要保持在30厘米左右，然后浇水。

③ 3个月后选数根1米长左右的支架，插在容器的边缘，将植株围绕在里面。用麻绳将支架绑成栅栏的样子。再用麻绳将植株的茎引向较近的支架。

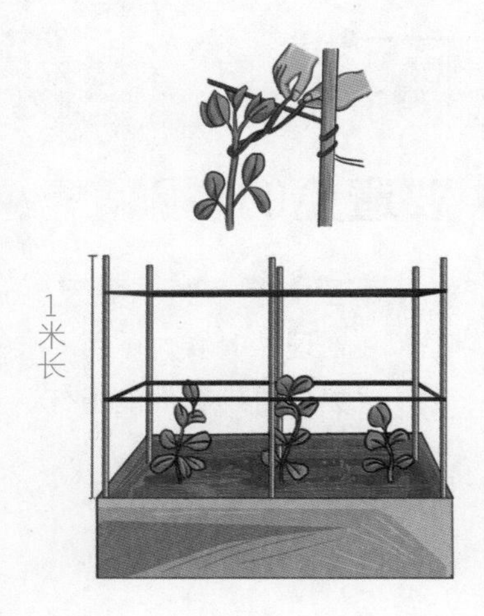

④ 当植株长到40～50厘米高时，每株选取较粗的茎留下3～4枝，其余的剪掉。然后追肥20克，再进行培土。

⑤ 植株开花后，要进行剪枝，以促进果实生长。

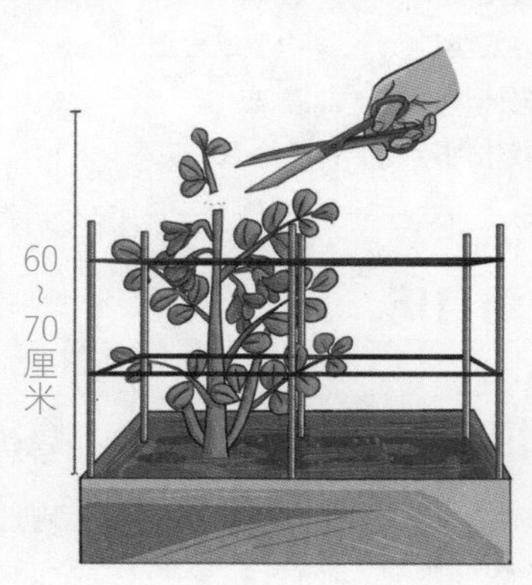

⑥ 当豆荚背部变成褐色的时候，从豆荚基部用剪刀剪取。

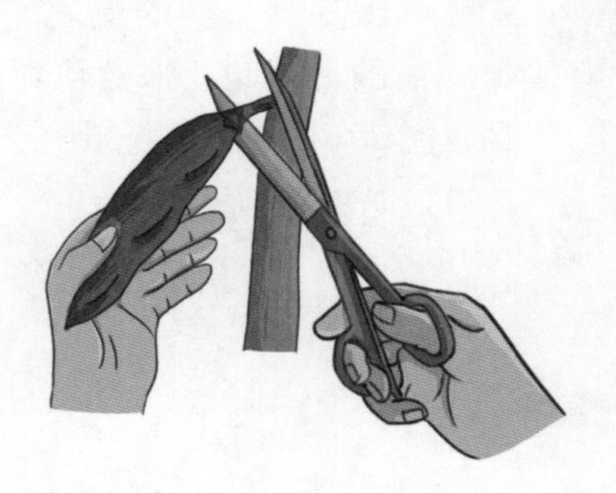

豌豆

［豆科］

豌豆可以分为带蔓的和不带蔓的两个品种，不带蔓的豌豆栽培期为60天左右，自己栽种建议选择这种进行栽植。豌豆不喜欢酸性土壤，果实成熟后要早些摘取，否则会影响口感。

花草小档案

温度要求	耐高温
湿度要求	耐旱
适合土壤	碱性排水良好的肥沃土壤
繁殖方式	播种
栽培季节	春季
容器类型	中型或大型
光照要求	喜光
栽培周期	2个月

栽培月历

月	1	2	3	4	5	6	7	8	9	10	11	12
种　植				●—	—●							
生　长					●—	—	—	—●				
收　获								●—	—●			

Q 如何防御鸟类侵袭？

A 豌豆的嫩芽是鸟类的最爱，如果不想办法的话，豌豆嫩芽可能要被小鸟吃光，可以在植株上罩一层纱网，能有效防御鸟的侵袭。

Q 要避免的事？

A 如果豌豆长得不好，要及时进行处理，在处理的时候，千万不要连根拔起，以免伤害到其他的植株，可以用剪刀从基部剪除即可。

栽种步骤 STEP BY STEP

① 在容器的土壤中挖植穴，植株间距保持在 20 ~ 25 厘米。每个植穴中至多放 3 粒种子，种子之间不要重叠，然后覆土、浇水，种子发芽前一定要保持土壤均匀湿润。

② 2 周后将植物所有的侧芽都摘掉，只留下主枝。当叶子长到 2 ~ 3 片时，3 株小苗中选出最弱的剪掉，留下 2 株。然后进行培土，以防止小苗倒伏。

③ 不带蔓的豌豆品种可以不立支架，如果处在风较强的环境中，可以简单立支架，并用麻绳轻轻捆绑。当苗长到 20 厘米时，可追肥 10 克，与表层的土壤轻轻混合。

④ 开花后 15 天左右就可以收获，豆仁尚不成型的情况下收获是最好的，会更加香嫩可口，收获晚了豆仁就会变硬。

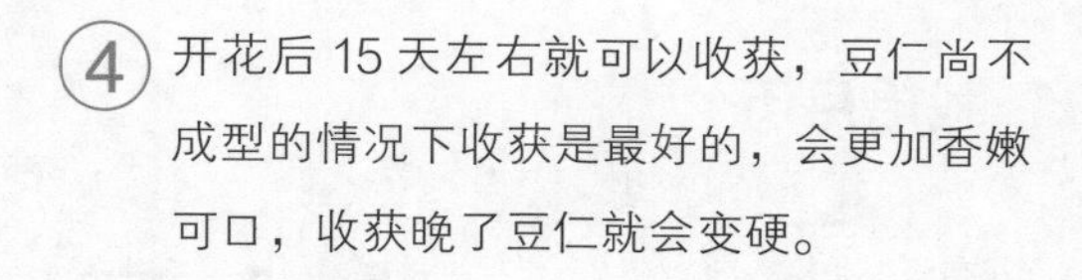

青椒

［茄科］

青椒是一种非常耐热的作物，而且害虫侵扰少，种植起来比较容易。青椒中维生素C的含量非常高，是美容养颜的健康蔬菜；青椒中所富含的辣椒素是一种抗氧化成分，对防癌有一定的效果。

花草小档案

温度要求	温耐高温
湿度要求	耐旱
适合土壤	中性排水良好的肥沃土壤
繁殖方式	播种
栽培季节	春季
容器类型	大型
光照要求	喜光
栽培周期	2个月

栽培月历

月	1	2	3	4	5	6	7	8	9	10	11	12
种　植			—	—	—							
生　长						—	—	—	—			
收　获							—	—	—	—		

Q 彩椒栽培时间更长?

A 青椒的品种非常多，不仅仅是绿色的，还有红色、橙色、黄色、白色、紫色等颜色，看起来非常美丽的彩椒，栽培时间比普通青椒长，但是肉厚味甜，深受人们的喜爱。

Q 要避免的事?

A 青椒在生长期间非常需要肥料的滋养，如果青椒的肥料不足，果实会发育不良或含有辣味。

栽种步骤 STEP BY STEP

① 选择植株结实、有花蕾、根部土块厚实的植株。用手夹住植株，放入已经挖好植穴的容器中，并插入支架，用麻绳将支架与植株轻轻捆绑。浇水，直到浇透为止。

② 2周后将植株所有的侧芽都摘除，只留下主枝。第一朵花绽开后，花朵下边最近2个侧芽留下，其余侧芽全部摘去。找一根长为120 ~ 150厘米左右的支架插入容器中，在距底部20 ~ 30厘米处用麻绳捆绑，原来的支架保持不变。

③ 当出现小果实时要进行追肥，取10克左右的肥料撒入泥土，此后每隔2周进行追肥一次。

每2周进行追肥一次

④ 当果实长到4 ~ 5厘米时就要进行第一次采摘了，较早收获有利于后面果实的生长。

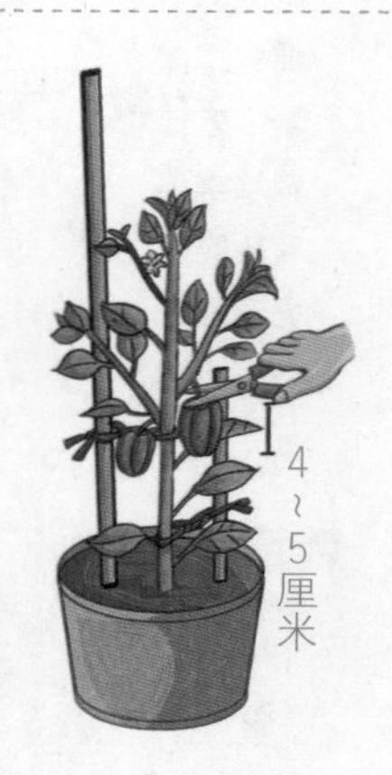

⑤ 青椒长到5 ~ 6厘米时进行第二次采摘，早些采摘可以减少青椒植株的压力。

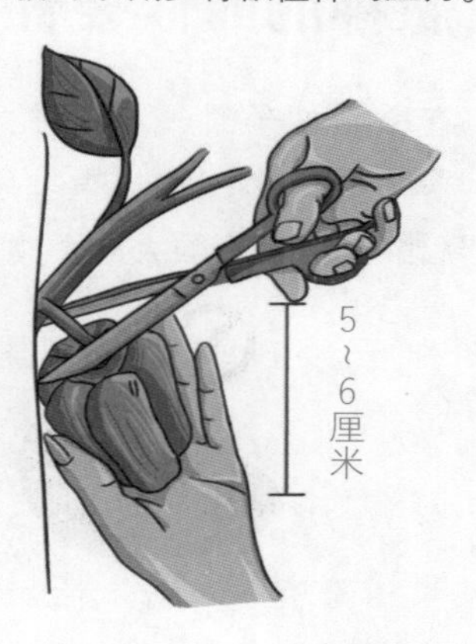

青江菜

［十字花科］

青江菜性喜冷凉，抗寒力强，种子发芽的最低温度为3℃～5℃，在20℃～25℃条件下三天就可以发芽，青江菜不需要很多的光照，只要保持半天的光照就可以了。

●● 花草小档案

温度要求	温暖
湿度要求	耐旱
适合土壤	中性排水良好的肥沃土壤
繁殖方式	播种
栽培季节	春季、秋季
容器类型	中型
光照要求	短日照
栽培周期	1个月

栽培月历

月	1	2	3	4	5	6	7	8	9	10	11	12
种　植			●	—	—	—	—	—	—	●		
生　长				●	—	—	—	—	—	—	●	
收　获					●	—	—	—	—	—	—	●

Q 撒种的时候要注意什么？

A 在播撒种子时一定要注意不要将种子播得太密，种子重叠生长会给日后的间苗带来很大的困扰。

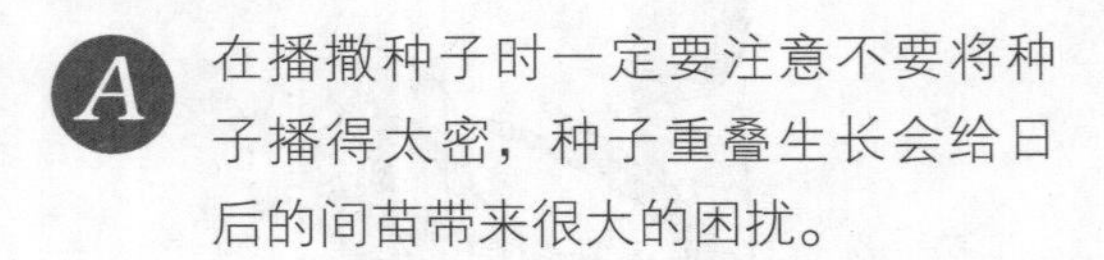

Q 追肥要注意什么？

A 青江菜是一种对肥料需求并不大的蔬菜，平时尽量不要施太多的肥料，在生长势好的情况下，追肥一次就足够了。

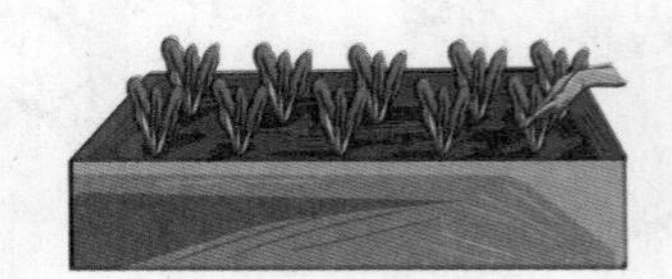

追肥一次即可

栽种步骤 STEP BY STEP

① 将土壤表面弄平，造深约1厘米、宽1～2厘米的小沟，沟与沟的间距为10～15厘米。每间隔1厘米放1粒种子，然后覆土、浇水，发芽之前都要保持土壤均匀湿润。

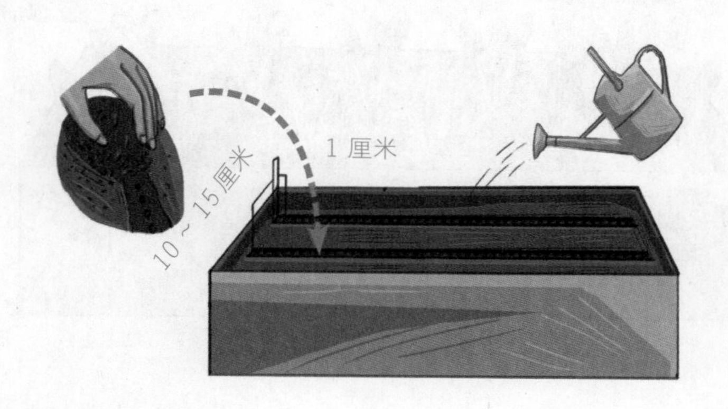

② 青江菜发芽后，要将发育较差的菜苗拔除，使植株间距控制在3厘米左右。为了防止留下来的菜苗倒伏，要适当地进行培土。

③ 当本叶长到2～3片时，将肥料撒在沟与沟之间，与土混合，然后将混了肥料的土培到植株基部，并保植株间距为3厘米。

④ 当植株长到 10 厘米，高的时候，在沟与沟之间施肥 10 克左右。

⑤ 当植株长到25厘米时就可以采收了，用剪刀从植株的基部剪取。错过采摘时间，青江菜生长过大，口感就会变差。

适时采摘

注意事项

间出的苗也是宝

间出来的苗不要扔掉，它也是一种营养美食，我们可以将它当作芽芽或苗菜食用，无论是炒菜还是生吃都非常可口哦！

苦苣

［菊科］

苦苣有很多品种，主要是呈现在大小的不同上面，盆栽种植最好选择小株。苦苣是一种非常不耐寒的蔬菜，在保证温度的同时要勤于浇水，这样苦苣会长得更好

花草小档案

温度要求	温暖
湿度要求	耐旱
适合土壤	中性排水良好的肥沃土壤
繁殖方式	播种、植苗
栽培季节	春季
容器类型	大型
光照要求	喜光
栽培周期	2 个月

栽培月历

月	1	2	3	4	5	6	7	8	9	10	11	12
种 植				—	—				—	—		
生 长					—	—				—	—	
收 获					—	—				—	—	—

Q 选种要注意什么？

A 苦苣的采种应在植株顶端果实的冠毛露出时为宜。种子的寿命较短，一般为 2 年，隔年的种子发芽率将大大降低，以当年的种子发芽率为最高。

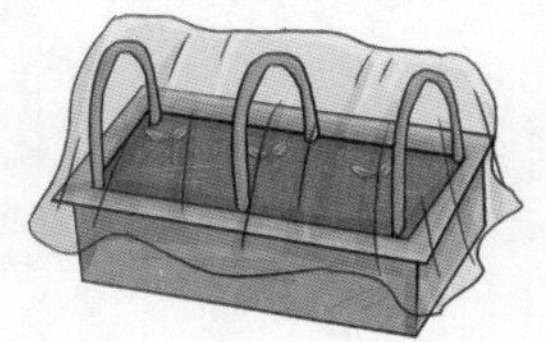

Q 苦苣不能随便摘？

A 苦苣采摘后非常不容易保存，水分会迅速流失，现摘现吃既新鲜又美味，是最佳的选择。

栽种步骤STEP BY STEP

① 将土壤表面弄平，造深约1厘米、宽1～2厘米的小沟，沟与沟的间距为10～15厘米。每间隔1厘米放1粒种子，然后覆土、浇水，发芽之前都要保持土壤均匀湿润。

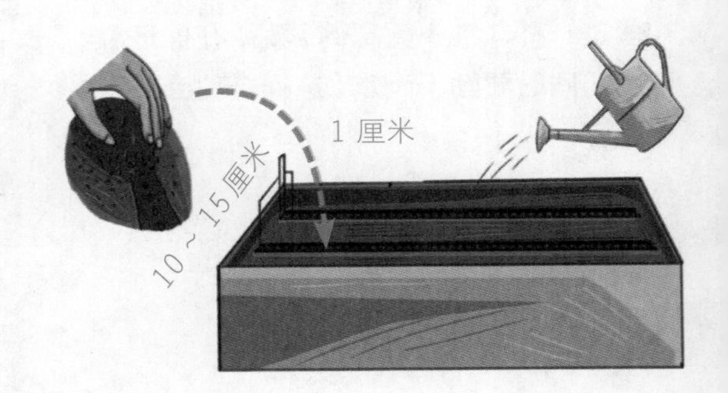

② 当小苗都长出来后，将发育较差的小苗拔掉。植株间距要保持在3厘米左右。在小苗的根部适当的培土，以防止植株倒伏。

③ 当本叶长到2～3片时，将肥料撒在沟与沟之间，与土混合，然后将混了肥料的土培到植株基部，并保持植株间距为3厘米。

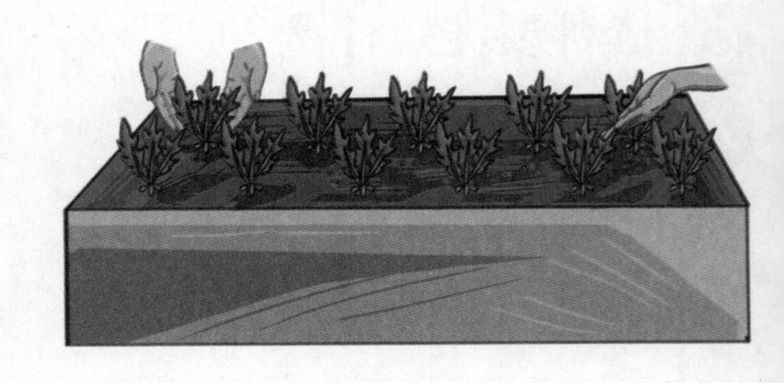

④ 当植株长到20～25厘米时，进行间苗，使植株间距控制在30厘米左右。剩下的苦苣要培植成大株，因此要进行最后一次追肥。

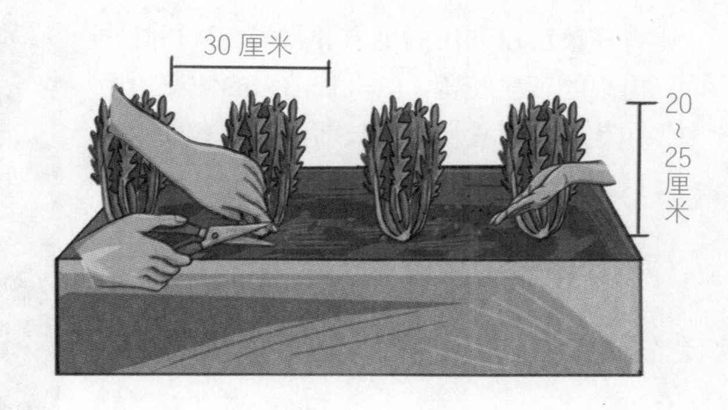

注意事项

不需要烹调的菜

苦苣的茎叶柔嫩多汁，营养丰富。维生素C和胡萝卜素含量分别是菠菜的2.1倍和2.3倍。嫩叶中氨基酸种类齐全，且各种氨基酸比例适当。苦苣的食用方法很多，但生吃是最好的选择，这样可以更加完整地保持住蔬菜中的营养成分，口味也很清新。

虫子怎么这么多?

苦苣非常受虫子的欢迎，如果不尽快采取措施，辛苦栽种的蔬菜就要被虫子吃光了，在容器上罩一层纱网可以有效地防止害虫侵袭。

美食妙用

紫甘蓝拌苦苣

清热、解毒、消炎

材料：苦苣1棵、紫甘蓝半棵，盐、鸡粉、陈醋、糖、酱油、熟芝麻、芝麻油各适量。

做法：苦苣、紫甘蓝洗净后切丝。用小火将油烧热，放入干辣椒和花椒煸炒出香味后，关火冷却。将菜浇上辣椒油，再放入盐、鸡粉、陈醋、糖、酱油、熟芝麻、芝麻油搅拌均匀即可。

青花菜

［十字花科］

青花菜可以利用的地方非常多，最初长出来的顶生花蕾、后来长出来的侧花蕾和茎都可以食用。生长期可以从春天一直到12月份。

花草小档案

温度要求	温暖
湿度要求	耐旱
适合土壤	中性排水良好的肥沃土壤
繁殖方式	植苗
栽培季节	春季、夏季、秋季
容器类型	大型
光照要求	喜光
栽培周期	一个半月

栽培月历

月	1	2	3	4	5	6	7	8	9	10	11	12
种　植			●	—	—	—	—	—	—	●		
生　长				●	—	—	—	—	—	—	●	
收　获					●	—	—	—	—	—	—	●

Q 青花菜是花椰菜吗？

A 青花菜和花椰菜是两种不同的蔬菜，花椰菜一般只食用花蕾的部分，而青花菜的花和茎都可以食用，茎部往往比花蕾部分更加爽脆，口味类似竹笋，非常可口。

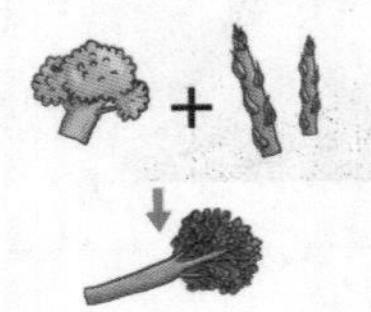

Q 青花菜的剪枝方法？

A 采摘青花菜的时候，不要用手直接进行处理，一定要用刀子或者剪刀进行采摘，否则很容易破坏茎部的组织。

栽种步骤 STEP BY STEP

① 选择生长势强、没有任何损害痕迹的小苗，放入已经挖好植穴的容器中，培好土后轻压并浇水。

② 2周后，要进行第一次追肥，将肥料与土混合，为了防止小苗倒伏，要适当地培土。

③ 当顶端花蕾的直径达到2厘米时便可以收获，然后进行第二次施肥，施肥10克，并与土混合。

④ 当侧花蕾的直径为1.5厘米时可以进行第二次收获，茎长到20厘米高时用剪刀剪取也可以食用。

第二次收获

莴苣

［菊科］

莴苣的生长周期非常短，栽培 30 天左右就可以收获了，莴苣抗寒、抗暑的能力都很强，不需要我们过多的照顾，是懒人种植的最佳选择。但是，莴苣不可以接受太多的光照，否则会出现抽薹的现象，夜间也不要放在有灯光的地方。

花草小档案

温度要求	温暖
湿度要求	湿暖
适合土壤	微酸性排水良好的肥沃土壤
繁殖方式	植苗
栽培季节	春季、夏季、秋季
容器类型	中型
光照要求	喜光
栽培周期	1 个月

栽培月历

月	1	2	3	4	5	6	7	8	9	10	11	12
种　植			●	—	—	—	—	—	—	●		
生　长				●	—	—	—	—	—	—	●	
收　获					●	—	—	—	—	—	—	●

Q 如何保持莴苣的口感？

A 莴苣采摘后却不马上食用，口感会变得不好，所以最好现摘现吃。用菜刀切莴苣，接近刀口的部分会变色，因此，最好用手撕的方式处理。

Q 采收方法？

A 采收莴苣，我们可以用剪刀整株剪取，或者用手掰取要食用的部分。

栽种步骤STEP BY STEP

① 选择色泽良好、生长势佳的苗放入已经挖好植穴的土壤中，要尽量放得浅一些，用手轻压土壤，然后浇水。如果同时栽种2株以上的话，植株间距要保持在20厘米左右。

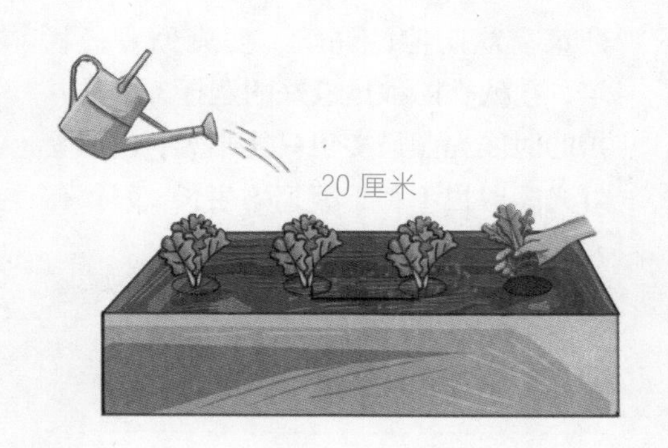

② 2周后，要进行追肥，撒在植株根部附近，并与泥土混合。

③ 当植株的直径长到25厘米时便可以采收，用剪刀从外叶开始剪取，现吃现摘。

菠菜

［藜科］

菠菜喜欢阴凉的环境，要避免夏日栽培，在秋季播种是最好的选择，日常养护的时候光照最多也只能半天，夜里受灯光照射也不利于菠菜的生长。菠菜在寒冷的环境中味道会变甜哦！

花草小档案

温度要求	阳凉
湿度要求	湿润
适合土壤	微酸性排水良好的肥沃土壤
繁殖方式	播种
栽培季节	春季、秋季
容器类型	中型
光照要求	短日照
栽培周期	1个月

栽培月历

月	1	2	3	4	5	6	7	8	9	10	11	12
种　植			●	●					●	●		
生　长				●	●					●	●	
收　获					●						●	●

Q 关于间苗？

A 如果我们希望菠菜植株生长得比较大，就需要进行第二次间苗，将植株的间距控制在5 ～ 6 厘米就可以了。

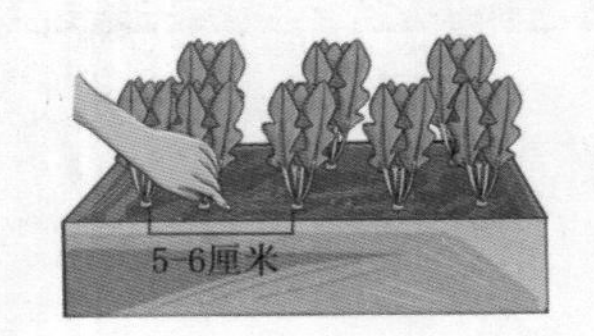

Q 光照限制？

A 菠菜的生长不喜欢光照，光照过多会使菠菜出现抽薹的现象，灯光照射也会出现抽薹的现象，所以即使是在夜里也要避免灯光照射，这样才可以让它生长得更好。

栽种步骤STEP BY STEP

① 在平整的土壤上面造沟，每间隔 1 厘米放入 1 粒种子，种子不要重叠。然后浇水，发芽前务必要保持土壤湿润。

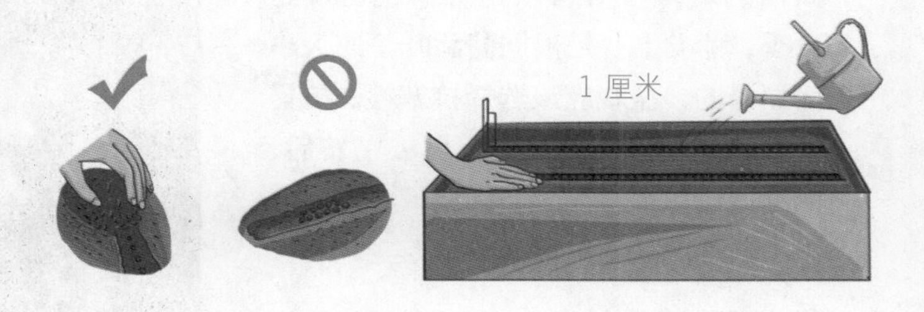

② 当子叶长出后，将生长势较差的小苗拔去，使植株间距控制在 3 厘米左右。往根部培土，以防止小苗倒掉。

③ 当本叶长到 2 片的时候，要进行第一次施肥，将肥料撒在沟间，与土混合后将肥料土培向菜苗根部。

④ 当菜苗长到 10 厘米时，要进行第二次追肥，撒在沟间，并与泥土混合，然后将混合了肥料的土培向菜苗的根部。

⑤ 当菠菜长到 20 ~ 25 厘米的时候，就可以用剪刀剪取收获了。

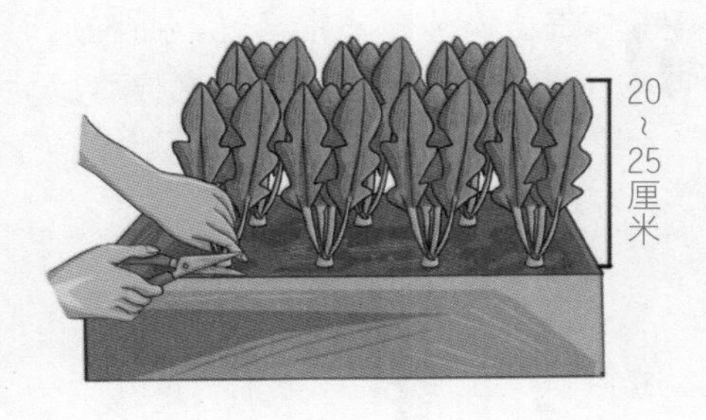

茼蒿

［菊科］

茼蒿的栽种季节可以是春季也可以是秋季，种类主要是根据茼蒿叶子的大小而划分的，盆栽应该选择抗寒性、抗暑性都强的中型茼蒿。茼蒿剪去主枝后，侧芽还可以继续生长，因此，成熟后可以不断地收获新鲜的蔬菜。

●● 花草小档案

温度要求	耐寒
湿度要求	湿润
适合土壤	微酸性排水良好的肥沃土壤
繁殖方式	播种
栽培季节	春季、秋季
容器类型	大型
光照要求	短日照
栽培周期	1个月

栽培月历

月	1	2	3	4	5	6	7	8	9	10	11	12
种　植				●—	—●				●—	—●		
生　长				●—	—	—●				●—	—●	
收　获					●—	—●					●—●	

Q 播种时要注意什么？

A 茼蒿的种子非常喜光，播种的时候只要轻轻覆土即可，这样可以让种子感受到光照，更加有助于种子发芽生根。

Q 吃不完的茼蒿怎么办？

A 茼蒿的样子非常具有观赏性，在西欧，人们常常栽培茼蒿用于观赏，茼蒿开花的样子和雏菊极为相似，非常艳丽可人，所以如果吃不完的话，也可以将它当作观赏植物进行种植。

栽种步骤 STEP BY STEP

① 在土层表面挖深约 1 厘米左右的小沟，每隔 1 厘米播 1 颗种子，然后覆土、轻压、浇水。

② 2 周后，进行第一次间苗，当叶子长出 1 ~ 2 片时要再次进行间苗，将弱小的菜苗拔去，使苗与苗之间相隔 3 ~ 4 厘米。为了防止留下的菜苗倒下，要往菜苗的根部进行适当的培土。

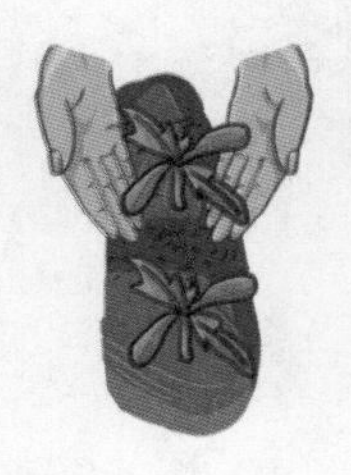

③ 当叶子长到 3 ~ 4 片的时候，要进行间苗，使苗之间相隔 5 ~ 6 厘米。追肥 10 克，撒在植物根部与泥土混合。为防止留下的菜苗倒下，要适当地培土。

④ 当最初的果实逐渐变大时，进行一次追肥，以后每隔 2 周追肥一次。

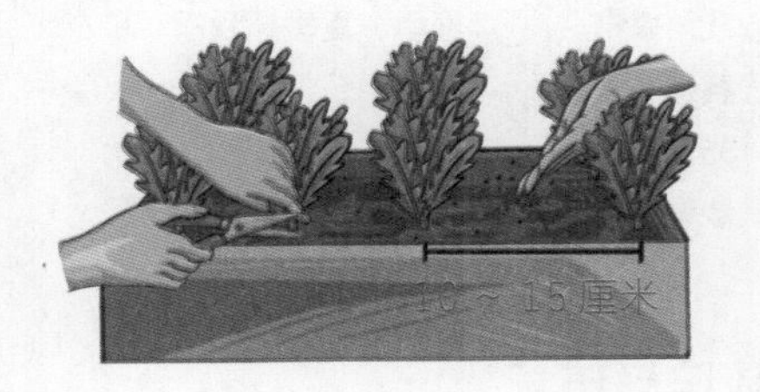

⑤ 当植物长到 20 ~ 25 厘米的时候，进行真正的收获，可以将植株整株拔起，也可将主枝剪去，使侧芽生长。

小白菜

[十字花科]

小白菜是一种抗寒性、抗暑性都较强的蔬菜，但在冬季温度较低的情况下不能栽种，其他的季节都可以。小白菜容易吸引害虫，要时时留意害虫的踪迹，及时进行处理。

花草小档案

温度要求	温暖
湿度要求	湿润
适合土壤	中性排水良好的肥沃土壤
繁殖方式	播种
栽培季节	春季、夏季、秋季
容器类型	中型
光照要求	喜光
栽培周期	一个半月

栽培月历

月	1	2	3	4	5	6	7	8	9	10	11	12
种　植				●—	—	—	—	—	—	—●		
生　长					●—	—	—	—	—	—●		
收　获						●—	—	—	—	—	—●	

Q 种子要如何培植？

A 湿润的土壤环境更加有利于种子发芽，因此，在种子发芽之前，一定要保持土壤的湿润。

Q 植株为什么不粗壮？

A 苗与苗之间的距离如果过近，就会导致每株菜苗所吸收的养分非常少，这样菜苗就不可能茁壮生长，用间苗的方法可以很好地改善这种拥挤的状况。植株之间最为理想的间距是15厘米左右。

栽种步骤 STEP BY STEP

① 将土层表面弄平，造深约1厘米的小沟，沟间距为10厘米。每隔1厘米放一粒种子，注意种子之间不要重叠。轻轻覆土，然后浇水。

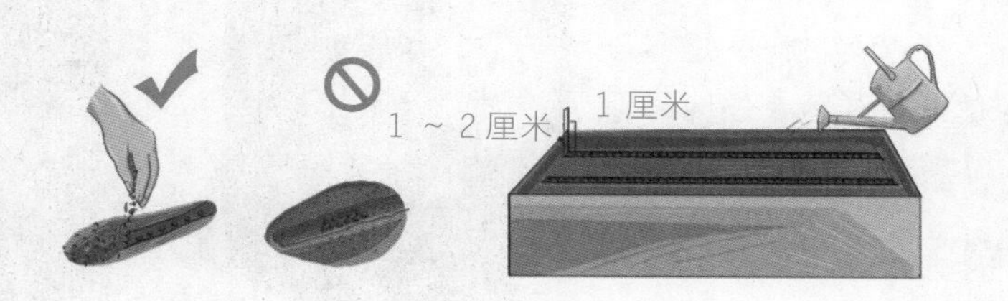

② 苗差不多都长出来后，要进行间苗，使苗的间距为3厘米。为使留下的菜苗不倒伏，要往苗底适当培土。

③ 当本叶长出3～4片时，我们要进行第二次间苗，使得苗间距为5～6厘米。进行追肥，撒在沟间并与土壤混合。为了防止留下的菜苗倒掉，要往植株的根部适当培土。

④ 4周后，植株底部逐渐变粗，要进行第三次间苗，使植株间距为15厘米左右。施肥10克撒在沟间，与土混合。为防止菜苗倒伏，可适度进行培土。

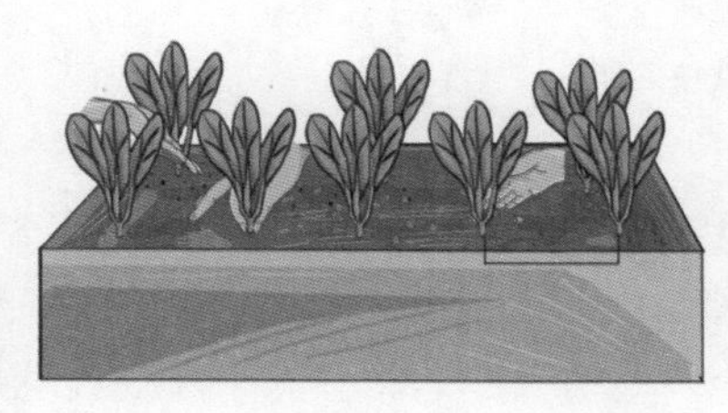

⑤ 当植株长到高约15厘米后便可以采收了，从底部用剪刀进行剪取。

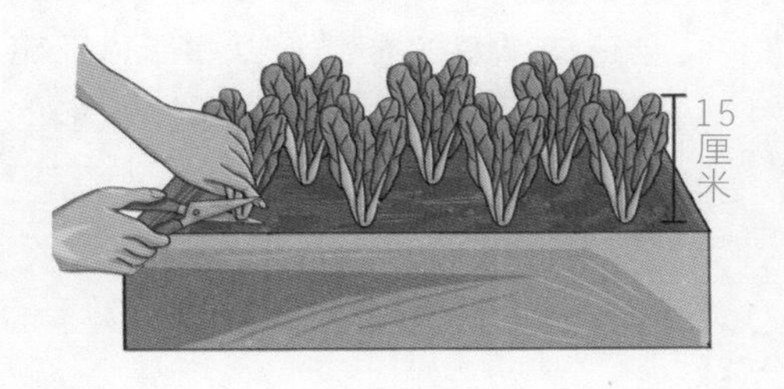

洋葱

［葱科］

洋葱鳞茎粗大，外皮紫红色、淡褐红色、黄色至淡黄色，内皮肥厚，肉质。洋葱的伞形花序呈球状，具多而密集的花，粉白色。花果期 5 ～ 7 个月。洋葱是春种秋收的，但是家庭栽种洋葱在任何时间都可以采收。

花草小档案

温度要求	温暖
湿度要求	耐旱
适合土壤	中性排水良好的肥沃土壤
繁殖方式	播种
栽培季节	春季、秋季
容器类型	中型
光照要求	短日照
栽培周期	1 个月

栽培月历

月	1	2	3	4	5	6	7	8	9	10	11	12
种　植									●	●		
生　长										●	●	●
收　获			●	●								

Q 洋葱的肥料？

A 洋葱是一种喜欢肥料的蔬菜，特别是植株萌芽之后。缺乏磷肥的话，会造成洋葱的根部难以膨胀，在施基肥时要多加入含磷肥量比较多的肥料。

Q 关于空间？

A 洋葱一般是不进行间苗的，因此在栽种的时候，我们要留有足够的空间，让植株能够充分的生长。一般来说，苗与苗之间的距离达到 10 ～ 15 厘米是比较合适的。

栽种步骤 STEP BY STEP

① 选择不带病虫危害的幼苗，将土壤表面弄平，造深约 1 厘米、宽约 3 厘米的小沟，沟间距为 10 ~ 15 厘米。将洋葱苗尖的部分朝上。将植株轻轻覆盖，不要全盖了，幼苗的尖部留在土外。然后进行浇水，浇水的时候不要浇得过多，否则幼苗容易腐烂。

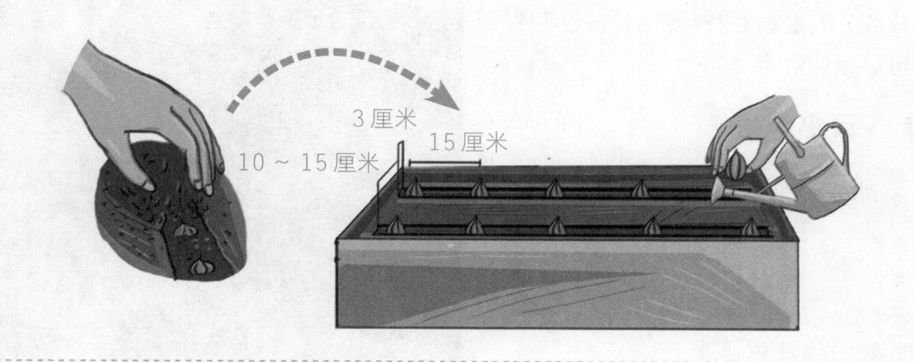

② 当苗长到 15 厘米的时候，进行追肥，将混合了肥料的土培向植株根部。

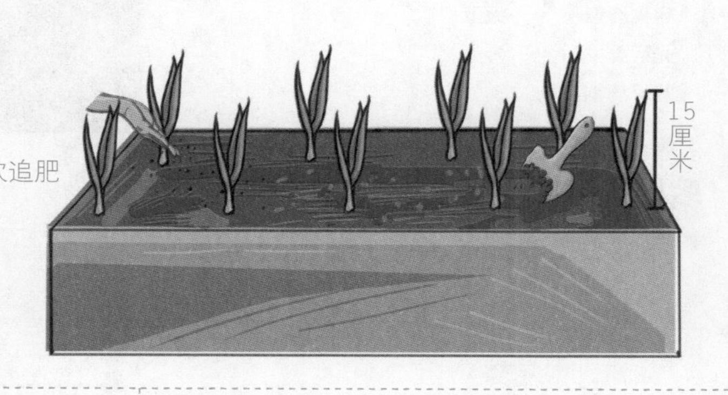

③ 10 周后，进行第二次追肥，根部膨胀后施肥 10 克，将肥料撒在沟间，与土壤混合。将混合了肥料的土培向根部。

④ 当叶子倒了的时候，就可以收获了，抓住叶子拔出来就可以了。

马铃薯

［葱科］

洋葱鳞茎粗大，外皮紫红色、淡褐红色、黄色至淡黄色，内皮肥厚，肉质。洋葱的伞形花序呈球状，具多而密集的花，粉白色。花果期 5 ～ 7 个月。洋葱是春种秋收的，但是家庭栽种洋葱在任何时间都可以采收。

花草小档案

温度要求	阳凉
湿度要求	耐旱
适合土壤	中性排水良好的肥沃土壤
繁殖方式	催芽栽种
栽培季节	春季、夏季
容器类型	大型
光照要求	喜光
栽培周期	3 个月

栽培月历

月	1	2	3	4	5	6	7	8	9	10	11	12
种　植			●——	——●				●——	——●			
生　长				●——	——●				●——	——●		
收　获						●——	——●				●——	——●

Q 土壤的准备？

A 在种植马铃薯之前，首先要处理好土壤，马铃薯对光照的要求比较大，所以可先将容器或袋子放在一个带轮子的木板上，这样就可以非常轻松地移动植株了，按照不同的时间调整光照，以让马铃薯长得更好。

Q 为什么要用种薯？

A 任何一个市场都可以买到马铃薯，用整个马铃薯当作种薯岂不是很方便？事实上是不行的，我们平时吃的马铃薯没有进行特殊的处理，容易感染病毒，收获量也就随之受到限制。在栽培马铃薯之前首先要确认种薯是无毒的，并且是有芽的。

栽种步骤STEP BY STEP

① 将土的一半放入容器或袋子里，将种薯切开，切时注意芽要分布均匀，切开后每个重约 30 ~ 40 克。将种薯切口朝下放入挖好的植穴中。种薯之间的距离控制在 30 厘米，覆土约 5 厘米深。

② 当新芽长到 10 ~ 15 厘米后，将发育较差的新芽去掉，只留 1 株或 2 株。按 1 公斤土配置 1 克肥料的比例，将土和肥料混合，倒入容器中，然后进行浇水。

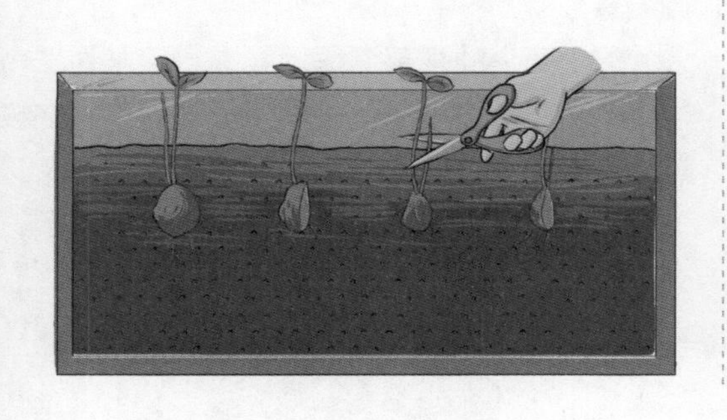

③ 当植株出现花蕾的时候，要和上次一样进行追肥、加土。

④ 13 周后，茎、叶变黄、干枯后，就可以收获了。将植株连茎拔出就可以见到马铃薯了。

白萝卜

［十字花科］

白萝卜在春季和秋季都可以进行播种，但是白萝卜喜欢冷凉的环境，害怕高温，如果在春季播种很容易出现抽薹的现象，所以最好选择在秋季播种。

●● 花草小档案

温度要求	阴凉
湿度要求	湿润
适合土壤	中性排水良好的肥沃土壤
繁殖方式	播种
栽培季节	春季、秋季
容器类型	大型
光照要求	喜光
栽培周期	2个月

栽培月历

月	1	2	3	4	5	6	7	8	9	10	11	12
种　植												
生　长												
收　获												

Q 白萝卜劈腿，怎么办？

A 如果土壤中混有石子、土块，本应该直立生长的根受到阻碍，就很可能出现劈腿的现象。所以，在准备土壤的时候，应该用筛子去掉不需要的东西，将土弄碎。另外，苗受伤也是劈腿的原因之一，所以间苗时一定要小心。

Q 如何拔萝卜？

A 萝卜的根部深深地扎在土壤里面，将萝卜拔出来似乎是件很难的事。在拔萝卜之前，我们可以先松一松土，这样就可以很轻松地将萝卜拔出来了。

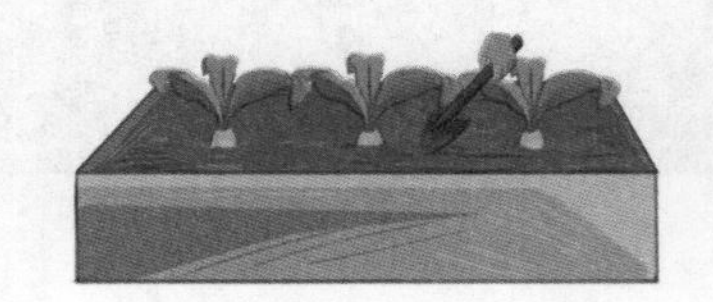

栽种步骤 STEP BY STEP

① 将土层表面弄平，挖深约 2 厘米、直径约 5 厘米的植穴。一个植穴里播 5 粒种子，种子之间不要重叠。然后覆土轻压，在发芽前要保持土壤湿润。

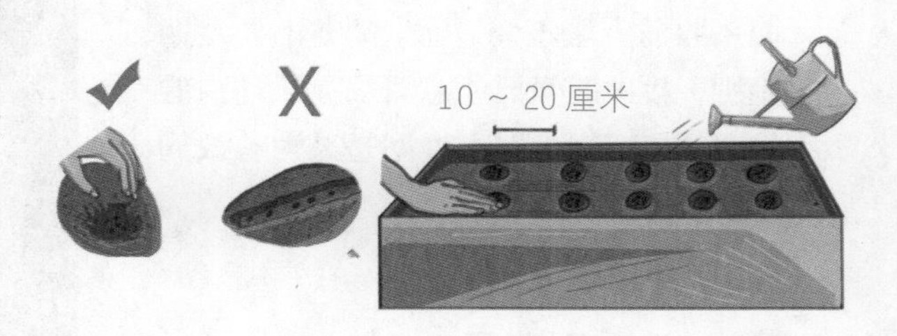

② 当本叶长出来后，要进行间苗。为防止留下的苗倒伏，要适当地培土。

③ 当本叶长出 3 ~ 4 片后，还要再次间苗，使一个植穴里只剩 1 株或 2 株，间出的苗可以用来做沙拉。追肥的时候将肥料撒在植株的根旁，与土壤混合。为了防止留下的苗倒伏，要适当地进行培土。

④ 当本叶长出 5 ~ 6 片叶子时，要进行第三次间苗，一个植穴里只剩下一株。追肥 10 克，将其撒在植株根部，与土壤混合。

第三次间苗

⑤ 当根的直径达 5 ~ 6 厘米的时候，就可以采收了，握住植物的叶子，然后慢慢地将它拔出来。

胡萝卜

［伞形花科］

胡萝卜在发芽前土壤一定要保持湿润，而采收前土壤不要过湿。胡萝卜要定期施肥，栽种期间要注意斜纹夜蛾幼虫的侵袭，在植物上罩上纱网是最为有效的办法。

花草小档案

温度要求	阴凉
湿度要求	湿润
适合土壤	中性排水良好的肥沃土壤
繁殖方式	播种
栽培季节	春季、夏季
容器类型	中型
光照要求	喜光
栽培周期	两个半月

栽培月历

月	1	2	3	4	5	6	7	8	9	10	11	12
种　植												
生　长												
收　获												

Q 胡萝卜需要培土？

A 在胡萝卜的生长过程中，要经常往植株根部培土，这样可以防止胡萝卜的顶部出现绿化的现象。

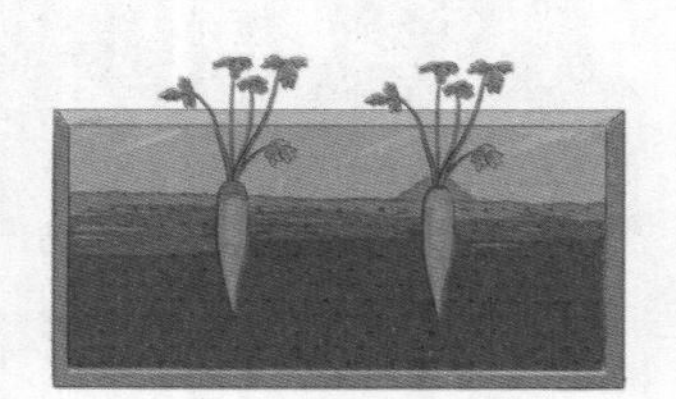

Q 收获前土壤要干燥？

A 胡萝卜在临近收获的时候，要保持土壤干燥，这样胡萝卜会变得更甜，胡萝卜中的营养元素也会有所增加哦！

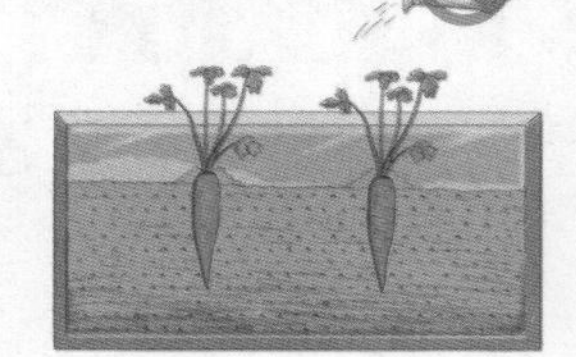

栽种步骤 STEP BY STEP

① 造出深约 1 厘米、宽约 1 厘米的小沟，壕间的距离为 10 厘米。每隔 1 厘米播 1 粒种子，注意种子之间一定不可以重叠。盖上土，浇水，在发芽前要保持土壤湿润。

② 当本叶长出来的时候，要进行第一次间苗，将生长势不好的小苗拔去，然后施肥 10 克与泥土混合，进行适度的培土，以防止幼苗倒伏。

③ 当本叶长到 3 ~ 4 片时，要再次间苗，间苗的时候要保持苗与苗之间的距离为 10 厘米。然后进行第二次追肥。

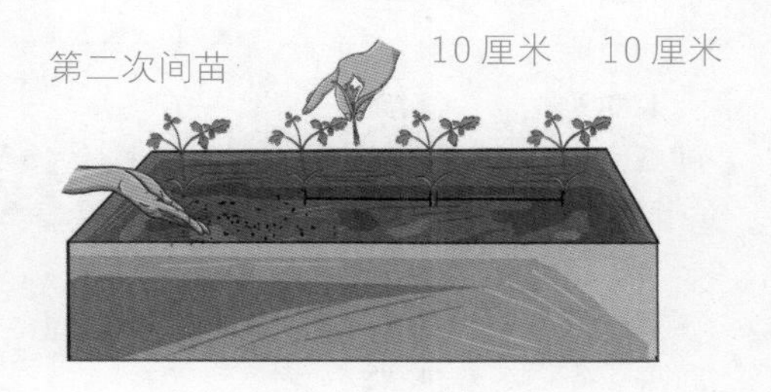

④ 当胡萝卜的直径长到大约 3 ~ 4 厘米，就可以进行收获了，将胡萝卜从土壤中拔出来即可。

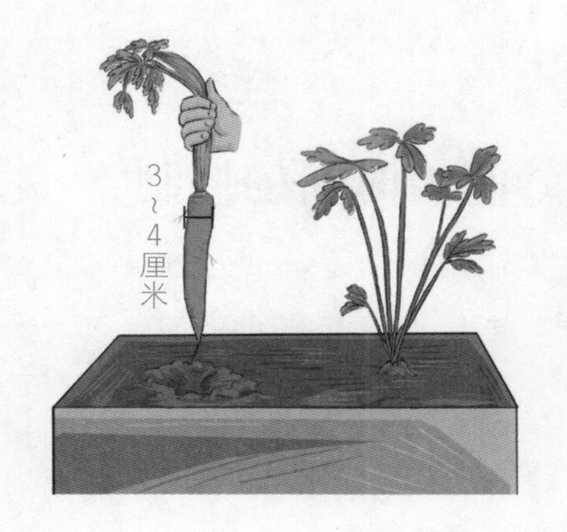

樱桃萝卜

［十字花科］

樱桃萝卜喜欢生长在比较冷凉的环境中，在冬、夏季节不适合栽种，但在其他的季节里都可以进行栽种。过干或过湿的环境对樱桃萝卜的生长都不是很好，以罩纱网的形式来预防病虫害的发生最为有效。

花草小档案

温度要求	耐高温
湿度要求	湿润
适合土壤	中性排水良好的肥沃土壤
繁殖方式	播种
栽培季节	春季
容器类型	中型
光照要求	短日照
栽培周期	2个月

栽培月历

月	1	2	3	4	5	6	7	8	9	10	11	12
种　植				●—	—●							
生　长						●—	—	—●				
收　获							●—	—	—	—●		

Q 间苗时间的控制？

A 樱桃萝卜在生长期间需要进行间苗， 如果间苗的时间晚了，就会出现只长茎、叶，不长根的现象，因此一定要掌握好间苗的时间。另外，间出的小苗也是可以食用的，不要扔掉。

Q 植株的距离？

A 如果植株间距过小，还可以再次间苗，使植株间距为 5 – 6 厘米。

栽种步骤STEP BY STEP

① 将土层表面弄平，造深度约1厘米、宽度约1厘米的沟。每隔1厘米放入1粒种子，种子不要重叠，然后培土、浇水，发芽之前保持土壤湿润。

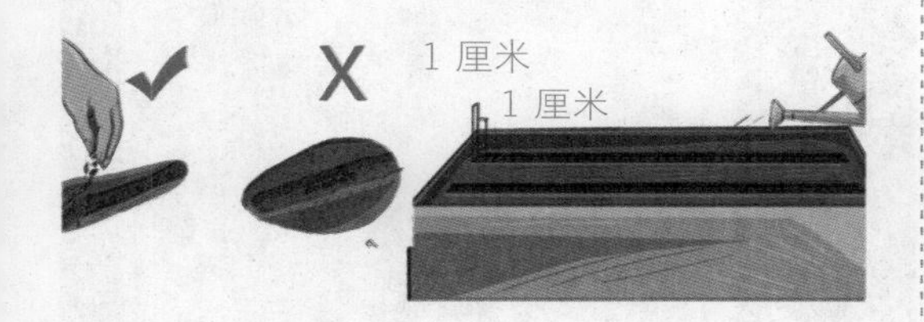

② 当芽长出来以后，将弱小的拔除，使植株间距控制在3厘米左右，为防止幼苗倒伏，要往根部适度的培土。

③ 当本叶长出3片后，就要进行追肥了，将肥料撒在沟间，与土壤进行混合，将混有肥料的土培向根部。

④ 当萝卜直径长到2厘米左右时就可以进行采收了，抓住叶子用力拔出萝卜即可

芜菁

［十字花科］

直径为 5 厘米左右的芜菁是所有品种中培植时间最短的一种，家庭种植最好选择这种。芜菁在春、秋两季都可以播种，喜欢阴凉的环境，既不耐干燥，也不耐高温。初学者最好选择在秋季栽培，这样可以减少照顾上的麻烦。

花草小档案

温度要求	阴凉
湿度要求	湿润
适合土壤	中性排水良好的肥沃土壤
繁殖方式	播种
栽培季节	春季、秋季
容器类型	中型
光照要求	短日照
栽培周期	2 个月

栽培月历

月	1	2	3	4	5	6	7	8	9	10	11	12
种　植												
生　长												
收　获												

Q 芜菁营养过多会怎样？

A 芜菁的施肥量要有控制，如果施肥过多的话，就会导致植物叶子的徒长。氮肥是植物生长叶子的肥料，尤其要注意氮肥的施用量。

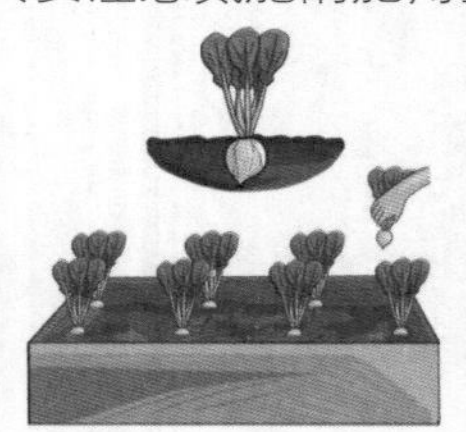

Q 如何浇水？

A 土壤湿度的变化会直接导致芜菁的根部是否出现裂痕，因此要注意定期浇水，以防止因为过度干燥而导致的干裂现象。

栽种步骤 STEP BY STEP

① 将土表面弄平，造深约 1 ~ 2 厘米、宽约 1 厘米的小沟。每隔 1 厘米撒 1 粒种子，种子之间尽量不要重叠。然后覆土浇水，发芽前要一直保持土壤的湿润。

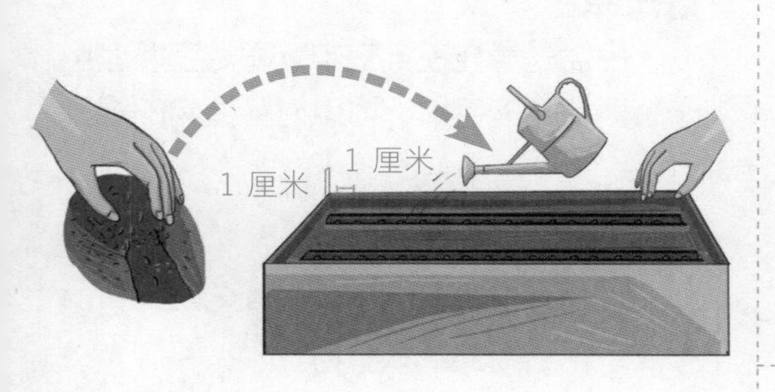

② 当子叶长出来后，将较弱小的苗拔掉。为了防止小苗倒伏，要适度的培土。

③ 当本叶长出 3 片后，将较弱小的苗拔除，将植株间距控制在 6 厘米左右。在沟间撒肥料 10 克，与土混合，将混了肥料的土培向根部。

④ 当本叶长出 6 片后，将较小的苗拔除，使植株间距控制在 10 厘米。追肥 10 克，与土混合，然后将混了肥料的土培向根部，尽量使根不要露出地面太多。

⑤ 当植物的根部直径长到 5 厘米左右时，就可以采收了，握住叶子用力拔出来。

附录 种植小辞典

pH值

是表示酸碱度的单位。中性的 pH 值为 7，酸性 pH 值小于 7，碱性的 pH 值大于 7。

一年生植物

指的是播种后，一年之内完成开花、结果、枯萎整个过程的植物。

二年生草本植物

指的是从播种到开花需要两年的时间，但是开花后就会枯萎的植物。

大粒土

为了保证土壤良好的排水性和通气性，加在花盆底部的大粒土壤。

分株

就是将丛生的植株分离为各单独生长的新植株。

水耕培养

有些植物可以用水来代替土壤种植，称为水耕培养。

中耕

轻轻地翻耕板结的土壤，以增强土壤的透气性。

半日照

指一天中只需要 3 ~ 4 小时光照的植物。

生根

指的是植物在土壤中根部的生长，根部的充分发育叫作生根旺盛。

吊篮

吊篮是悬挂在半空中或固定在墙上用于装盛植物的容器，可以增强植物的观赏价值。

多年生草本植物

指的是那种生命可以延续多年、且能多次开花结果的草本植物。

扦插

就是将切下来的枝条、茎、根等插入土壤之中，使其发芽、生根，长成新植株的繁殖方法。

休眠

有些植物在寒冷或炎热的季节，会有一段时间停止生长。但是，过了这段时间又会继续生长，这段时间叫作休眠期。

芽插

芽插是扦插技术中的一种，是切下多年生木本植物或多年生草本植物的顶芽部分，插入土壤中进行繁殖的方法。

低矮盆

是一种口径很宽，但是深度很浅的花盆，适合种植根系不很发达或浅根性的植物。

花芽

指的是开展后能变成花的芽。

定植

指当植物的小苗已经长得比较茁壮时，将苗正式移植到庭院或花盆等足够大的容器中。

肥害

肥害指的是由于施肥过多而引起的植株疾病，严重时会出现烧苗的现象。

硅酸白土

在没有孔的容器中培养植物时使用硅酸白土，可以防止根部腐烂。

育苗

先用小容器将种子培育成小苗的过程。

直接播种

就是预先了解植物长大后的大小，选好足够大的容器，直接在这个容器中播种的繁殖方法，主要用于那些不能移植或者大型的植物。

根部拥挤

有些植物的根部生长过于快速，而导致根系在花盆中过于繁茂拥挤，对植株的生长非常不利。

根插法

就是将植物的根部切下进行扦插繁殖。

徒长

指由于光照和养分不足而使得茎叶生长过旺。

液肥

指液体状的肥料，液肥是一施肥就立马见效的速效肥，因此，常在追肥时使用。

原种

没有经过人工改良的原生种。

株距

指的是同一行中相邻两棵植株之间的距离。株距的大小要根据植物的种类而定，要充分考虑到通风和对阳光的需求。

追肥

在植物生长发育期间施加的肥料。施肥的种类、量、次数和时间须根据植物发育情况的不同而进行，一般选择的都是液肥。

侧芽

一般指叶夜间长出的芽，也叫腋芽。

常绿

指植物全年叶子茂盛且不枯萎掉落。

基肥

基肥是在播种或者定植时事先给土壤施加的肥料。

混植

混植与合栽相似，就是在一个花盆或花坛中混合种植不同种类的植物。

剪枝

指修剪植物的枝、茎，是为了植株整体造型的美观，也为了植株营养的集中供给。因植物种类的不同，修剪的方法也各不相同。